讲理——人人逃不掉的社会大学课

黄擎天 著

67 则精华街头智慧

富人不说，课本没教

年轻人踏入社会前的必修课

图书在版编目（CIP）数据

讲理：人人逃不掉的社会大学课/ 黄擎天著. —沈阳：
辽宁科学技术出版社，2012.9

ISBN 978-7-5381-7599-8

Ⅰ.①讲… Ⅱ.①黄… Ⅲ.①成功心理—通俗读物 Ⅳ.
①B848.4-49

中国版本图书馆CIP数据核字（2012）第164213号

出版发行：辽宁科学技术出版社
（地址：沈阳市和平区十一纬路29号 邮编：110003）
印 刷 者：沈阳天正印刷厂
经 销 者：各地新华书店
幅面尺寸：145mm×210mm
印 张：6.75
字 数：80千字
出版时间：2012年9月第1版
印刷时间：2012年9月第1次印刷
责任编辑：王 实
封面设计：黑米粒书装
版式设计：袁 舒
责任校对：徐 跃

书 号：ISBN 978-7-5381-7599-8
定 价：25.00元
联系电话：024-23284370
邮购热线：024-23284502
E-mail:ganluhai@163.com
http://www.lnkj.com.cn

本社法律顾问：陈光律师
咨询电话：13940289230

致我的内地读者

赢在方法，更要赢在心法——写给中国的年轻人

年轻人离开学校，站于事业阶梯的第一步，抬头仰望，似乎看不到出头天……

这个年头，满街都是大学生，职场竞争激烈。年轻人找到一份工作难，找到一份好工作更难。蜗居斗室，天天为五斗米而折腰是指定动作，还说什么建立事业出人头地？

偏偏，很多暴发户或"富二代"，一身名牌，大把的钞票，出入高级消费场所。对他们的奢华享受和财富来源，年轻人既羡慕，又不解。

年轻人开始怀疑，再多努力也是枉然。再想下去，就要埋怨上天没有赐给自己一个富爸爸。再想下去，就会养成"憎人富贵厌人贫"的不平衡心理。再想下去，就会迷信"人不为己天诛地灭，但求成功不择手段"的一套歪理……

笔者以过来人身份说一句：年轻人请记住，罗马不是一天建成的，早一天耕耘，早一天拿到果实。时光消逝的速度快于想象，长达十几年的耕耘期，弹指就过。只要每天全情投入，

努力学习，就会暂时忘记看时钟。

在竞争激烈的现代社会，成名或成功来得晚一些，是个可以接受的事实。不强求一步登天，同时保持对自己的信心，这种心理素质是最踏实、最适合的。

今年，23岁的华裔篮球运动员林书豪在美国NBA赛场一战成名，刮出来一股"林旋风"，瞬间席卷全球。细想一下，他的"一战成名"并非事实的全部，而是长期自我努力、在黑暗中仍然保持信心的结果。假如他在前途未明的耕耘期怨天尤人、自我怀疑，因而疏于练习，自然不会等到改写命运的一天。

这就是良好的心理素质，这就是情绪智商（EQ），这就是很多成功人士的共同点：努力固然重要，但心态更重要。一边努力一边抱怨世界不公平，你所得到的，一定赶不上一边努力一边心态积极的乐观者。

因此说，建立事业或追求梦想，我们要赢在方法，更要赢在心法。

这本小书所载的，是我的一点点经验之谈。希望带给内地读者一些启迪，一些思考空间。祝福每一个有缘捧读此书的你！

黄擎天　谨识

2012年4月

前　言

初入社会三道坎儿——少犯错、站住脚、博精彩

现如今，生意难做，面对租金和工资等各种成本上升，老板们不得不想尽方法开源节流，而相对来说，节流较易实现，例如裁员。生产力较低的老弱员工首当其冲，其次是向来拿取微薄津贴、从事"学徒制"的职场新人，这对保安、理发和餐饮等行业冲击最大。

很多老板认为，一个什么都不懂、事事得劳心劳力调教的职场新人每个月至少拿一两千块，简直是不合情理兼亏本。这些二十几岁的"85后"或"90后"**服从性低、怕吃苦头、做事没交代、不擅长自我表达**，心态却是**急功近利，不肯从低做起**，可又**自尊心过强**，责备他两句，不是**一言九鼎**，就是**冲动辞职，逃之夭夭**……

看到这里，如果你是一名20多岁的年轻人，一定心有不甘："不是每个'85后'都是如此差劲的，老板们可不要一竹篙打一船人。"你甚至开始投诉："老板们也不见得全对，他们刚愎自用、因循守旧、不懂得使用电子通信科技、不肯下放权力……"

客观地说，每一辈人面对后辈，总有"一代不如一代"之叹。可我们忘记了，若干年前，自己也是前辈眼中少不更事的新人。我们都是从错误中摸索前行，慢慢参透一套职场之道。

　　与其说是年轻人刻意忤逆老板的意思，不如说他们只是初入职场，根本不明白这里的"游戏规则"。有时候，对于上一辈人的某些要求，年轻人觉得是多余的，因为他们根本不明白其中的意义。

　　更有甚者，年轻人根本不知道老板对自己有什么期望。当年轻人以为不知者无罪的时候，老板却觉得："这些是工作中的基本常识，不用我每一件事都话说得太明白吧？"老板期望，员工踏进办公室后会自动自发地调节好心情，竭力扮演好自己的员工角色。当年轻员工表现不如自己期望的时候，结果自然是失望了。

　　事实上，很多职场的"游戏规则"都是约定俗成的，全靠当事人自行观察、摸索和领悟，从错误中吸取教训。感觉迟钝者，当然是多走冤枉路，甚至失败了也不知道原因何在。懂得将勤补拙、举一反三者，自是快人一步，容易踏上晋升的阶梯。

职场如此，人生同样如此。我跟你一样，都是从职场新人起步，十多年来逐步踏出事业方向，逐步为人生添上色彩。

这里，笔者谨与年轻人分享67条人生潜规则，助你及早洞悉人情世故，掌握职场之道，直上事业青云路，活出丰盛人生。

目　录

第一章

年轻人该懂的——
课本没教的街头智慧

第一课　初生牛犊是最大卖点

人生有多少个10年？你会如何度过？

有人选择及时行乐，最羡慕年轻人有胆量打工攒够钱便辞掉工作去旅行，一玩数月，回来后再重新找工作。

把积蓄换作人生体验非常值得，但这种"顿顿挣顿顿光"的高难度动作只限20岁左右的时候进行。如果30岁以后仍没有事业基础，转眼人到40岁，就会面临失业甚至挨饿的危机。

有人选择及时为事业发力或追逐梦想，笔者算是这一种人吧。大学毕业后，上班之余，发疯似的铺设写作路：

疯狂铺我路

曾有出版社请没名气的我为一位"明星"当枪手写长篇小说。出版长篇小说是我的夙愿，从未写过7万字小说的我视之为一项挑战。既然作品是要见人的，我要准时交稿并保证一定的质量。因此全力一击后，我就赚到一次符合专业出版要求的长篇小说写作经验。

曾为一家新的宠物杂志东奔西跑作采访，后来刊物停办，对方硬说从未叫我去作采访，半点稿费都不给我。

曾为一家剧团编辑内刊，作采访、拟标题、统筹打字排版。

曾为已休刊的《姊妹》杂志采访各行各业的职业女性，寻人、邀约、采访和撰文一手包办。

在报纸专栏之前，趁互联网大潮兴起，我曾在两个入门网站开设每周专栏，逼自己练笔……

零经验如何突围而出

我赚的不是可怜的稿费，而是别人永远拿不走的经验，点滴累积后，才有日后振翅高飞的实力。

初出茅庐的年轻人，纵有潜能也是零经验，最大卖点正是"初生牛犊"。好比黑帮电影里的新人，再危险的任务也敢担当，但求争取表现，惹老大注目。

今天的我精力不复当年勇，回头一看，欣慰年轻时的我还算勤奋，没有辜负青春。无论是选择为事业拼搏还是增广见闻，"初生牛犊"时好好努力吧！

人生不设限

初出茅庐的年轻人，纵有潜能也是零经验，最大卖点正是"初生牛犊"。无论是选择为事业拼搏还是增广见闻，"初生牛犊"时好好努力吧！

第二课　纵容才是最毒的阴谋

任由一个人堕落，不加批评反而予以"鼓励"，才是毒计中的毒计。

曾看过香港电视剧《溏心风暴之家好月圆》的观众也许记得，对于大老婆的儿女，一般来说二老婆会恨屋及乌，但是剧中的米雪却对原配的儿子黎诺懿加倍溺爱，让他成为典型二世祖。对于自己的儿子，她却要他过俭朴的日子，不准他染上富家子弟的习气。此消彼长，到头来哥哥一无是处，家族生意终于由弟弟接掌。

骂你是栽培你

踏入社会的你我他，深谙明哲保身之道。天天在办公室困兽斗，为了芝麻绿豆的事儿得罪别人不值得。如非必要，没人愿意挺身而出得罪人。其他人做得不够好，何妨由他去。不走正路的人上得山多终遇虎，迟早自食恶果。很多人成功后，身边的人再不敢进谏，正是缺少忠诚的提醒而盛极则衰。

职场生涯里，多位上级让我难以忘记。让我最"怀念"的却是初出茅庐时，出版社一位女领导——对你和颜悦色的人不一定为你好。不惜动气斥责你错误的上级，才是有心栽培你的贵人。

职场生涯里，唯有给她骂过我"丢三落四"——男孩子本身就粗心大意，何况我是新入行的助理编辑，常常没有发现作家原稿上的错字。

可以错 不可以马虎

似水流年，虽然我没有再从事编辑工作，但已经出书超过27本，单是校对自己的书也足以累积经验。每逢为新书做校对，我总是忆起她的严谨而感恩——正因为曾被她责备，我才加倍用心，改正了粗心大意的坏习惯。

如今，一些比我年轻的编辑或者会觉得我这个作家要求太高，给他们造成无形的压力。对我来说，我不是追求百分之百完美的人，而是希望尽力减少错误方能无愧。我容许出现错字，但不能纵容自己工作态度马虎散漫。

人生不设限

　　对你和颜悦色的人不一定为你好。不惜动气斥责你错误的上司，才是有心栽培你的贵人。

第三课　集体被宰的往往是羔羊

　　少年时代曾经想过当老师，如今偶尔到中学教授写作课，算是一偿夙愿。身为老师，最气馁的不是遇到多嘴的顽皮男学生，而是遇到沉默是金型的学生。

　　演讲开始前几分钟，女学生在看书。我走过去，想跟她聊聊她在看什么。女学生却一手把书塞到书桌里，不敢告诉我在看什么。

　　准备了一个微型剧本，邀请同学站出来扮演角色。无人举手，于是我就邀请另一个女学生参与。她赖在座位上，只是摇头，死也不肯站出来。

"乖"学生错失机会

　　内向、害羞的性格，我是明白的，少年时代的我正是这样一个"乖"学生。奇怪的是，这种女学生平日跟朋友交往，倒是叽叽喳喳的，一点不害羞。换句话说，平日的她是正常人一个，唯有到了上课或需要演讲时，她便会人格分裂似的，压抑本性，自我约束，选择做一只沉默的羔羊。

胆怯、神经质、怕事、跟风的羔羊，从来不敢突出自己。举手发问、回答老师问题、站到台上向全班演讲，这些是突出个人的举动。如此出位，是要受到同学讪笑、嘲讽甚至联合抵制的。

别做沉默的羔羊

学校从来没有教过我们演讲技巧，每年参加校朗诵节的，都是几个品学兼优的女班长。其鹤立鸡群，正好让其他人自惭形秽，后者要维护自身尊严，必须在心理上跟尖子生划清界限。日积月累，愈是沉默，愈是不懂得表达自己。

即使教育制度有问题，但栽培自己，应该亲力亲为啊。不少学生只知求成绩求分数，却忽略发掘自己学科以外的潜能。

做一只羔羊看似"安全"——驯良、不会突出自我者应该人见人爱。**真相是，大量集体被宰的是羔羊。**

人生不设限

即使教育制度有问题，但栽培自己，应该亲力亲为。学生除了求成绩求分数，也要发掘学科以外的潜能。

第四课　当外星人遇上草莓族※（上）

很多企业中层对于年轻职员的缺乏责任感、办事错漏多、漠视工作期限、迟到早退等坏习惯，感到莫名其妙兼苦无良策。

对笔者这样上世纪70年代出生的人来说，准时上班、为履行职责而自动加班、上级交代的事情用心记住并且用笔记下，不敢随便逾越工作期限……这些不都是应该"自动自发"的吗？

中层上级天天吐血

斥责年轻员工敷衍塞责、做事不认真、吃不了苦，他们不会认为错在自己，反而觉得是你逼他们到墙角——小小的压力也吃不消，像一压就扁的草莓，所以他们被称为"草莓族"。

※草莓族：多用来形容1981年后出生的年轻人像草莓一样，尽管表面上看起来光鲜靓丽，但却承受不了挫折，一碰即烂，不善于团队合作，主动性及积极性均较上一代差。出入职场的"草莓族"，最大的特点之一，就是工作时不定性，只要有好玩的工作，或是较高的薪水，就会见异思迁。

苦口婆心再三提醒、教导他们好好使用记事簿，他们又嫌你啰嗦。老板握有生杀大权，尚可大声怒吼震慑草莓族，中层上级却是天天吐血，如何是好？

这是一个普遍现象，也是一个困局。直到最近，我才发现一些端倪。

话说前辈赞赏我言出必行，有诚信；比我年轻者却说我给他们太大压力。首次得知后者的"心声"，真是令人啼笑皆非，为什么会有这样不同的印象呢？

待人应一视同仁

我对前辈同辈后辈、老板下级下属一视同仁：你说过什么，我都会认真看待，用心记住，事后跟进。公事也好私事也罢，自己说过的话，同样记在行事历里成为待办事项。上级和长辈觉得，把事情交托我后可以放心。

当同辈或后辈说过的事情过了期限还没半点风声的时候，我因为事先记录在案，到时就会查询。这下可好了，他们竟然集体失忆似的，反而怪我"记性太好"又"太有纪律"、"太严格"，令他们感到"很大压力"云云。

我一来并无逼迫他们之意，二来礼貌周到，很难理解他们何以深感压力。细想一下，才稍微搞懂他们的逻辑……

人生不设限

准时上班、为履行职责而自动加班、上级交代的事情用心记住并且用笔记下，不敢随便逾越工作期限……这些应该是"自动自发"的，是身为下属的基本责任。

第五课　当外星人遇上草莓族（下）

　　总结一下跟草莓族打交道的经验，发现他们没有"一言既出驷马难追"、"言行一致"、"牙齿当金使"的自我要求，不会认真记住自己说过什么。他们的话多是信口开河，不能当真的。

　　他们喜欢嘻嘻哈哈、"到时再说"的做事方式，事情一旦需要预先安排，就会造成"压力"。因为没有一套记事系统，习惯即兴行事，从工作细节与工作期限到私人约会的时间、地点，经常临时更改或遗漏，令旁人无所适从。

草莓族的弱小心灵

　　对这种思考模式的人来说，约会不迟到、公事准时跟进、做事认真、记性太好、凡事做好安排者就是可怕的外星人。

　　外星人跟草莓族打交道，适合加上"免责条款"，免得他们自认为弱小的心灵受到了伤害：

"我不是责备你，只是温馨提示……"

"我不是给你压力，只是你上次说过一会儿做那件事，我这才跟进一下……"

"No pressure, no hurry（别有压力，别着急）。我只是提出建议，你有空的时候再处理吧。"

　　改变他人几乎是不可能的，默默受气也太消极，只有尝试着去适应。草莓族令你闹心的行为并非是故意的，而是对方"真心实意"，你干着急、干受气甚至吐血是跟自己过不去。

你的蜜糖　别人的砒霜

　　老师对学生要因材施教，做人亦然。我要学习灵活多变的做事方法，对于同样重诚信的长辈或上级，继续约会准时、言出必行。

　　不少草莓族的话多是信口开河，不要每句当真，那么真的出现遗漏的时候就不至于大失所望或生气。

　　"难道你不想别人学好吗？"你问。

　　好为人师往往是吃力不讨好，你口中的蜜糖，他人觉得是砒霜。不要让草莓族无意识的行为干扰个人情绪，才是人应有的处世智慧。

　　有时候，栽培别人不如栽培自己。除非草莓族是你的子女，你再稍微多紧张一下吧。

人生不设限

　　对于同样重诚信的长辈或上级，继续约会准时、言出必行。不少草莓族的话多是信口开河，不要每句当真，那么真的出现遗漏的时候就不至于大失所望或生气了。

第六课　别耍艺术家脾气（上）

这些年来，我的主要身份是作家，也曾任职于广告公司和出版机构，在公事和私事上都接触过不少插画师、排版员、封面设计师、美术指导，为此领教过不少"艺术家脾气"。

说穿了，这不过是一些坏习惯，例如：

开会迟到——迟到15分钟还可以接受，15分钟以上应该通知一声。也许因为内疚，所以充其量用手机短信通知。有一些人则习惯成无耻，每次都大言不惭来电说"要30分钟后到"。

相对来说，来电说声抱歉比较有诚意，发手机短信的弊端首先是诚意打了折扣，而且不能确保对方收到。

晚交差可恕　无交代不可恕

晚交差——不交差而没有交代一声。打电话找他，手机没人接听，电子邮件没有回复。一次请一位插画师设计小说封面，他不是晚交差，而是彻底人间蒸发数个月。

晚交差不是死罪，但不交代则影响整个工作的进度。如果"对不起"很难开口，可以说"抱歉"或"不好意思"。

表面上逃避客户的追问避免了尴尬，但是永远失去了客户。也许，他从前是个上学迟到、经常不交差的人，长大后积习难返吧。

唯利是图——一位设计师明明很有经验，谁知一再交出劣质作品，既令人感到意外又不明所以。后来才知道，他是同时接受了好几份差事。他舍不得推却任何一项工作，难以兼顾的喜悦下，个别客户的工作放到最后，马虎了事。

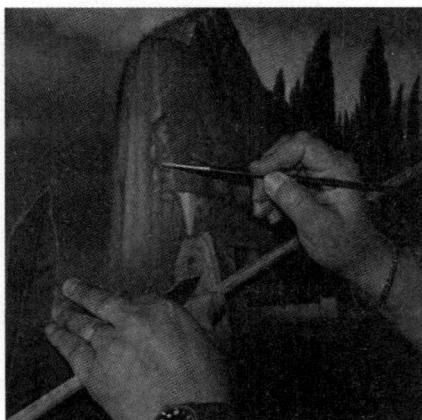

艺术家也有专业操守

做与不做是自由工作者（freelancer）的自由选择，明说即可；一旦接了工作就应该专业对待，不要随行就市，交次品甚至劣质品敷衍了事。

还好，我曾经邀请带银公主为公司的一本出版物画插画，她是准时交作业和用心思考，给我惊喜的插画师。

中国台湾的恩佐曾为我的《自我勉励同学会》和《可恶的爱情》两本书设计封面。他名不虚传，除了准时、作品水平高，更会附加文字说明每幅插画的构思，大家即使无法见面亦无碍沟通。

人生不设限

做与不做是自由工作者（freelancer）的自由选择，明说即可；一旦接了工作就应该专业，不要随行就市，交次品甚至劣质品。

第七课 别耍艺术家脾气（下）

不论搞对象还是工作，很多人的思维是"我不找你就是我瞧不起你"——最近找一位设计师洽谈合作，电话沟通正常而愉快，说好第二天等待她回复报价，结果音讯全无……

具有艺术天分的人，尤其是插图师、平面设计师，不擅辞令是情有可原，但身为自由工作者，没有同事分担工作，跟客户沟通是职业所需啊。

双向沟通省时方便

从前，我挺怕跟客户通电话，担心干扰工作情绪。如今醒悟实时双向沟通比较省时方便，明明几分钟说完的话，何必花费彼此的时间和力气打字，长篇大论又费时耽误事？每个人对文字的理解能力有别，需要交换意见的事情，最好先作口头沟通。如有需要，再补充电子邮件为时不晚。

广告人更是没有资格耍艺术家脾气的。公司设有客户服务部，创意人不必直接与客户通电话，但必须跟公司同事开会。

一个创意获内部通过才能呈给客户，创意总监更要亲自在客户面前演讲、回答质询。

著名广告人K.C.Tsang和Paul Chan自立门户时，打破传统不设客户服务部，让创意人学习直接跟客户沟通——没有人天生什么都懂，工作的意义正是边做边学，熟能生巧。

怀才不遇是自己造成的

客户提出需要后，创意人的使命正是提供"答案"，协助客户解决"问题"。可是，在"速食文化"影响下，好多设计师的思维是"你叫我做什么，请说"。他们善于使用计算机软件把一幅构图弄得美轮美奂，却不善于多角度思考，不懂得用纸笔勾勒出图像初稿。这是懒于用脑、实力未够，还是欠缺上进心？

好些人的怀才不遇也是自己造成的——工作态度欠认真欠真诚、作品水平参差不齐、坏习惯让客户无所适从。

所谓成功人士的成功因素可能是马后炮，失败者的死因却是有迹可寻。

人生不设限

好些人的怀才不遇也是自己造成的——工作态度欠认真欠真诚、作品水平参差不齐、坏习惯让客户无所适从。

第八课　大学生不必抱怨太多

　　失业率高、经济数据不明朗，令不少大学生担心毕业等于失业，这是人之常情。只是未曾真正努力就把一切责任推给社会，这未免太没骨气。

好工作不会从天而降

　　教育政策好坏是一回事，如何打拼自己的人生是另一回事。大声抱怨社会环境不好又如何？不见得好工作会立即从天而降。不如把抱怨的力气用于自我增值。

　　我们香港人都听过不少50后、60后的前辈在80年代出道，与香港经济同步起飞的成功传奇。如今是新世纪，时势不同，我们对未来的期望也要实际一点，不要拿昔日风光做标准。

　　从前的中国尚未开放，今天生机处处，新一代人有的是在内地实习的机会。

　　为了发展事业，美国人穿州过省、台湾人离开台中台南的乡下跑到台北、内地人从内陆不毛之地跑到大城市去。香港人

35

没有这种志在四方的豪情，只怪香港是弹丸之地，大家习惯在同一地点"一站式"求学求职结婚生子供楼至老死。

吃苦头要趁年轻

很多人工作实习时强调不怕压力、不介意从基层做起，上班时却嫌辛苦。中年人体能与记忆力衰弱，上有高堂下有子女，尚有资格叹息几句，年轻人3天不睡一样生龙活虎，所谓辛苦其实只是不甘心、不专心罢了，一切都是负面心态使然。

景气的时候，年轻人择业往往聚焦在工作待遇上，人云亦云；不景气的时候反而是凭兴趣择业的契机。既然不少行业都在裁员减薪，何不选择自己喜欢的行业？真心热爱一个行业才会全情投入，不计较得失地付出，才能有所发展。笔者曾看到广告，有一家旅行社打破惯例，只招聘大学毕业生，薪水和培训都很好，正是热爱旅游的同学的入行良机。

吃苦头趁年轻，他日回首，方知那是一条木人巷，冲过便是出头天。

人生不设限

景气的时候，年轻人择业往往聚焦在工作待遇上，人云亦云；不景气的时候反而是凭兴趣择业的契机。

第九课 不做长舌妇（男）有妙法

这天，在快餐店吃早餐，邻桌坐了3位中年妇女，气冲冲的。这3个女人喋喋不休，愈讲愈兴奋，正好成为旁人眼中的长舌妇。

原来她们追随一位师父修习太极，七嘴八舌谈论某位师姐拍马屁、师父处事不公等。

现实中的师徒情跟理想有点距离。从前，师父纵使严厉古板，徒弟亦任劳任怨，尊师重道。严师出高徒，当徒弟学有所成，自会明白为师的苦心。师兄弟间情同手足，决不内讧。

不要随便试炼人心

今时今日，利欲熏心、小家小气者很多，轻率结义金兰或结为师徒，反而更易暴露人性的弱点，最后不欢而散。

愈了解人性，愈是不要随便试炼人心。投缘的，大家做朋友就够了。一旦加上额外的"名分"，彼此的期望与责任也会加重，奈何每人的期望值不一样。当一方无意履行甚至违背道义，另一方就会失望。难怪很多艺术家，即使以教学维生，也称交学费者为学生而非徒弟。

相对来说，女性更容易小心眼，很细微的动作，看在她们眼内，都可以为罪。有趣的是，相对男人来说，女人更喜欢拉帮结伙，互相取暖，一时亲密无间，手牵手上厕所逛街买衣服，瞬间又可以为了小事反目。

公道自在心中

除了长舌妇，世上也有长舌男，办公室是非全靠他们散播——凡是涉及他人的是非，错的一定是别人，叙述者一定是正义之师。旁观者附和一句，就会自动成为同伙，多可怕。

有人的地方就有是非，歌迷会、学生会、同学会，即使是非商业团体，一样可以成为是非地。如果不想成为长舌妇和长舌男，请视而不见、听而不闻，但公道自在心中。

把处理人际是非上的精力献给事业、艺术、做运动，耳根清净，成就更大。

人生不设限

有人的地方就有是非，如果不想成为长舌妇和长舌男，请视而不见、听而不闻，但公道自在心中。

第十课　不做职场"格格党"

天下乌鸦一般黑，年轻上班族敷衍塞责的现象，原来不分香港还是内地。内地尤多独生子女，这些娇纵的草莓族被称为"格格党"。

"格格党"的特征是："生于1985年后，打扮卡哇伊（Kawaii），说话娃娃腔；不能早起上班就玩人间蒸发，下班就爱抱怨诉苦；称呼没大没小，礼仪一窍不通；不懂事的一副理所当然，爱逞能的一脸学术高深；一哭二闹三辞职，整出一堆烂摊子……"

患上公主病

"格格"就是大清公主的意思。患上公主病或王子病的年轻上班族，在办公室横行无忌，随便撒野，好比清朝的格格和阿哥。他们的言行没有逻辑可言，一切视乎本小姐或本少爷的心情。对于职场不明文的规矩，他们不屑遵从甚至完全无知。

当70后晋升为小主管，他们的下属是85后或90后的"野蛮"格格或阿哥，从前一套尊重上级、严师出高徒、付出半斤得到八两都不管用了。

比较有效的是打友情牌：扮作是他们的平辈好友，投其所好唱卡拉OK，玩Facebook、微博等社会媒体。可是，若小主管真心跟他们交朋友而过了火候，反会纵容他们不分尊卑和不分好歹，以为做错事没关系，因为上级是哥们儿，应该会包容到底。

年轻人难懂光阴似箭

"格格党"可不知道，职场罕真爱，什么小礼物、生日请吃饭，大多是收买人心的手段罢了。如不自我改进，三五七年后人老珠黄，他们也会被新一代的"格格党"取代。

年轻人永远不会领略到光阴似箭的真正意思——直到他们失去青春时。

20出头大学毕业，奋斗三五年后便到30大关。人到30，外表像20来岁，尚可叫做保养得法，思想和行为像20来岁，却是一种丑态。

一眨眼，又到40大关。社会现实是严肃的，中年人是失业的高危人群，这时才慨叹大半生一事无成已是太迟。

人生不设限

人到30，外表像20出头，尚可叫做保养得法，思想和行为像20出头，却是一种丑态。

第二章

正面思维——
投资自己必赚

第十一课 一切由思考出发

震雄集团创办人蒋震先生说过："天下没有做不到的事。做不到，是因为你不想做。"

大部分人都知道要制订计划，结果却是不了了之。为什么？计划不是不好，但很多人预知困难重重，心中充满恐惧，潜意识逃避这件事，找来各种借口，从而让这件应做而未做的事情无限拖延。

"有时候，事情很棘手，我只好放弃。"你说。

蒋震先生的想法是："想不到的也做得到，想得到的更应做得到。做不到，因为你一开始就不想。不想，就什么也做不到。**敢想，想通想透，反复钻研和尝试，终会做到。**"

下苦功总有收获

他的意思是，尚未找到解决方法，只因为你没有认真思考。曾经思考仍没有答案，只是因为思考得不够周密，未曾尽力去搜集资料、向别人请教和提升能力。

"花那么多时间去想，未必会保证成功吧？"你问。

蒋震先生说："不全部做到也会有一部分做到；一时做不到，将来可能做到。"

付出辛苦，无论如何总会有进步。拿出些耐性，一步一步来。凡事总有解决方法，即使不是今天，也会在明天或更远的未来。

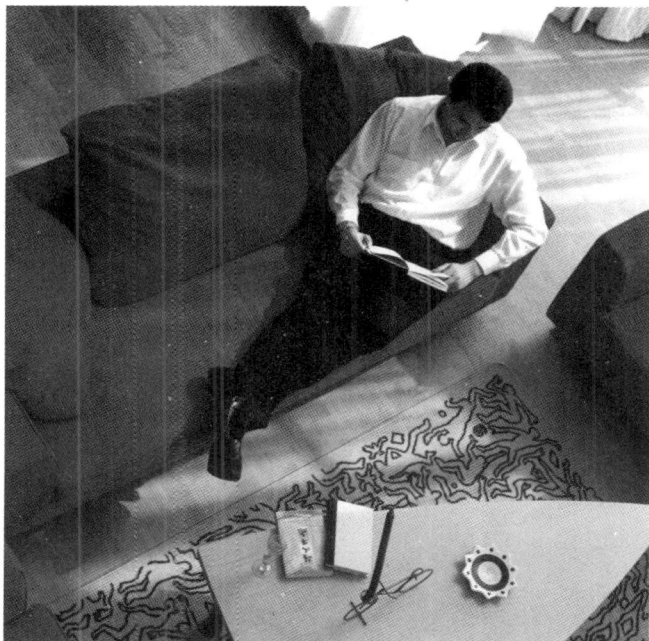

大人物当初也是小人物

他勉励年轻人不要随便放弃，但这不代表盲目固执，死顶硬扛。失败后应该再三思考，重新研究对策，甚至灵活变通，转变方法。打破僵局，找到出路就算是成功了。

"大人物当然有过人毅力，我只是一个平凡小辈，怎么可以相提并论？"你有点自惭形秽。

大人物当初也是小人物，但人于微时已展现大气魄。你不一定需要做大人物，但是要想在变化太快的社会拥有一份工作，也需要不断思考。

有思考才有进步，不愿动脑筋的人，等于没有进化的生物，迟早被淘汰。

人生不设限

不随便放弃不代表盲目固执、死顶硬扛。失败后应该再三思考，重新研究对策，甚至灵活变通，转变方法。

第十二课　永不说不就有意外收获

笔者曾经跟朋友说过："我是看文字书长大的一代，从来不看漫画。世上的书永远看不完，哪有想法去翻漫画？"

我知道《叮当》、《蜡笔小新》有漫画本，但是宁愿看电视动画片。我听过《龙珠》、《足球小将》、《中华英雄》、《百分百感觉》等家喻户晓的名字，可惜的是我不受漫画家的彩笔诱惑。

此刻，我不得不打自己嘴巴——在二手书店发现一套七本《手塚治虫短篇漫画》，原价每册港币30元，如今全套只卖70元。手塚治虫（1928—1989）是日本的漫画大师，这套书是短篇故事，作为入门级读物正好。

开放胸怀的意外收获

一连数天，我逃离电视和计算机的魔掌，投入手塚治虫的世界。大师的画功没有让我着迷，我是为他的故事拍案惊奇，尤其喜欢具备科幻元素的几个故事如《七个外星人》、《安达平原》。这些故事不是特别重视科学依据，而是发挥天马行空的想象力，精心布局，从而带出更有深意的主题。

这些写于20世纪70年代初的故事，今天读起来也绝不过时。身为写作者，我不是要模仿手塚治虫的画功，但他悲天悯人的情怀、铺陈故事的技巧，皆有值得借鉴之处。

原来稍微放宽原则，适度敞开胸怀，人生就会有意外收获。同样的事例包括做运动。

人生本是一张白纸

从小到大，我只顾用功念书、考大学、求职、拼搏工作。岂料3年前，偶然参加一期政府举办的网球训练班，不知不觉爱上这项运动。初期，步伐不稳的我曾经跌倒受伤，休养了9个月。康复后，我重拾球拍，慢慢克服阴影，如今体会运动的好处和乐趣，几乎每天不打第二天早上就不舒服。

人生本来是一张白纸，色彩由我们自己添加。所谓色彩，不必是名利享受，而是决不空过每一天。

人生不设限

做人要有原则，但不宜过分执著。稍微放宽原则，适度敞开胸怀，人生就会有意外收获。

第十三课　生存者的两件武器

　　10多年没去海洋公园，终于有机会重游旧地，乐见从前的游戏设施仍在。我最爱海盗船和摩天轮，但从来不敢玩过山车和跳楼机。

　　这天，朋友犹豫玩不玩跳楼机，不过既然有人陪，我乐于被煽风点火。

　　座位慢慢升高，我不敢向下望，而是看前方风景，群山翠绿，秋风送爽，让人暂时忘掉恐惧。

　　突然间，跳楼机急向下坠，接着又向上反弹，最后着陆——怎么这么快结束了？过程不是想象中那么的恐怖啊。

拿出勇气坐言起行

　　我的喜悦不是来自刺激，而是来自克服埋藏心底多年的心魔——一向好奇坐上跳楼机是何等滋味，但胆子小、没人陪，只能把这个小小的猜想变成小小的秘密。

　　这里不是鼓吹大家专挑自己的弱项来逞匹夫之勇。明知心脏负荷不了者，千万别逛英雄玩笨猪跳。明知有害的事情如吸毒，更不应为试而试。

我只是想，人往往低估了自己的能力而画地自限，好些难事其实不是想象中那么棘手，关键是拿出勇气坐言起行。下次遇到困难，何不冷静思考解决方法，而不是盲目恐惧而自乱阵脚。

肯试肯学　生存利器

初出茅庐时，我什么都肯试肯学。35岁之后，有些工作倒是力不从心，有感来日苦短，开始学习集中火力于强项，而不是样样通样样松。话虽如此，我时常提醒自己，不论处于哪个人生阶段，身为作家和爱书人，我爱研究书籍的封面设计和内文编排，有时买书只是为了作为设计上的参考。心中愿望是学会计算机排版软件，但多年来连写作都缺少时间，觉得不宜分心过多。

如今为了研究电子书的发展，我下了决心去学——请教一家出版社的创作总监，请他给我补一堂课。了解基本运作后，下一步就要在家安装排版软件进行实习。

人生不设限

　　肯试肯学永远是生存者的两件武器。只要有决心和兴趣，世上没有学不会的事情。

第十四课 向别人请教没必要脸红

写作之路学无止境，也是一种各师各法的艺术。不耻下问是做这门学问的基本动作，我不害臊，反而乐在其中。

作家们平日里各忙各的，鲜有交流机会，唯有等待缘分。

2009年，香港教育城"十本好读"颁奖礼在将军澳一所中学举行，拙作《100条开启快乐之门的锁匙》获奖的消息一个月前已经收到，兴奋心情已经消化掉百分之七八十，我的重点落在跟同场的作家请教一二："其他作家写小说会写大纲吗？如何维持写作习惯？"

不耻下问是进步之源

步出港铁站后，跟梁科庆先生不期而遇。我一直欣赏他的博学和勤快。他白天在图书馆工作，既做爸爸又当丈夫，可想而知，根本没有太多空闲时间。然而，他交稿速度快，著作又多又广受欢迎。

原来他在心中构思好人物和基本大纲后就会落笔，让情节在笔尖成型。上班族的空闲时间很零碎，根本不容慢条斯理组织出详细的各章大纲。

会场上，也碰上同一家出版社的梁佩瑚小姐。彼此算是"同事"，但她本来居住在加拿大温哥华，过去我到加拿大探亲时，不是没有想过，发个电子邮件相约喝个下午茶。不过，写作者即使不用朝九晚五上班，每天仍得赶专栏、赶小说，作息规律不便让人打扰。将心比心，当时我还是打消了念头。

持之以恒成功之匙

如今，梁佩瑚回到香港，难得因为一同获奖而碰头。我和她一样，写专栏也要写书，但她比我勤快多了，她的经验是什么？

习惯成自然，她每天早上第一件事是完成当天的专栏，然后才做其他事情。写小说需要全神贯注，她需要一个安静的环境，在家中不受打扰地创作。

谁说写作只靠天分？天分、纪律、热情、体能和上进心相辅相成，才能持之以恒。不耻下问也是进步之源。

你说自己不是作家？其实，这些个人素质，适用于各行各业。

人生不设限

　　天分、纪律、热情、体能和上进心相辅相成，才能持之以恒。写作如是，从事任何行业皆然。

第十五课　自求多福才有安全感

前辈教导我："世上没有什么是学不来的，不要依赖别人。"

拥有下属的打工皇帝说："不要万事一把抓，把事情分派给下面的人做吧。"

自己动手与下放权力，哪一样才是正确的?

答案视乎你的工作环境。如果你有下属、秘书等，当然可以把工作分配给他人，从而获得分工合作的好处。至于如何管理下属，监督他们的工作质量，则是另一种学问。

如果你是从事自由职业的个体户，倒是没有选择。不能独立工作的人适合做打工族，不适合自立门户。

任何岗位都需要独立精神

打工族尚可专注在本身岗位上，老板则要眼观六路，耳听八方，应付层出不穷的问题。管人、管钱、销售、迎合顾客需要、"救火"……全部都要操心。

我始终认为，不管身处什么岗位，都要具备独立精神。自求多福才有安全感，饭店老板是厨师出身，才能不怕大厨拉人跳槽。高层行政人员不介意亲自回复邮件、打电话、复印，一朝虎落平阳时才会比较容易适应，较易翻身。

　　权力下放的前提是所托得人，有一群能干的下属。管理人即使不必事事动手，也要具备相关能力，可以为下属解决困难、善后。

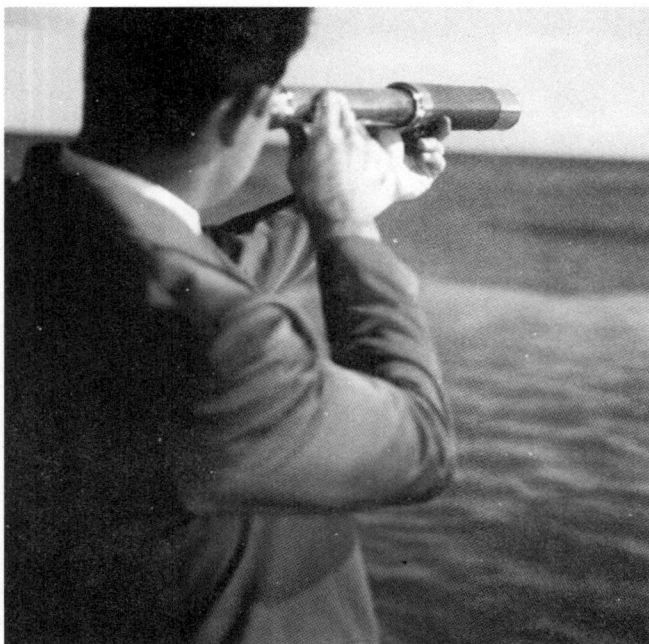

机会留给有准备的人

机会只留给有准备的人，今天吸收的一切总不会浪费，某月某日可能大派用场。如果从事的行业是真心喜欢的，你不会介意学习这件事的，那根本是人生乐趣和满足感的来源。

写作是我的最爱，不知不觉在这个行业浸淫了16年。除了不断提高写作技巧，我也乐意了解编辑实务、策划组稿、排版设计、宣传推广和书店发行，留意中国大陆和台湾的出版业趋势和电子书的最新发展。

拖了很多年，现在我决心学习计算机排版软件InDesign，期望日后直接在出版社传来的排版档案里改错字，加快校对程序，减少失误。

人生不设限

如果从事的行业是真心喜欢的，你不会介意学习这件事的，那根本是人生乐趣和满足感的来源。

第十六课　克服演讲恐惧症

　　奥巴马当选美国总统，胜在口才。即使首次访问中国，他的最强装备也是那张嘴。

　　在商业社会中生存，从求职面试、参加会议到向顾客推销产品，全部都要依靠语言表达能力(presentation skills)。

　　身为写作者，我不仅是在家里写稿，也到中学演讲——但我天生是文静书生，先天不足，究竟怎样练出来这个本事的？

　　学习演讲技巧，看书只是一方面，多观摩别人的演讲，取长补短才会进步。笔者曾经在香港理工大学院士颁授典礼上见识过叶杰全博士生动风趣的致谢词，令坐了良久的观众精神一振，笑声不断。

　　除了多看，也要多做，实习机会是要主动争取的。10年前，首次获教育行业协会邀请到中学演讲，为了积累经验，即使内心发虚也一口答应下来。

　　早期，我是事先写稿兼背熟，登台时手持演讲卡片以防万一。面对台下数百名观众，你可以当成是一片树林。你要跟整片树林保持眼神接触，但不必细看某个人的表情。情况有如在电台对着麦克风广播，你知道听众存在，但不用被他们影响情绪。

后来，在演讲口加入Powerpoint，可以收到图文并茂的效果。不过，这种做法的缺点是像讲课，容易忽略现场互动。

如今迈进新阶段，希望做到谈笑自若：开场白可以举些

近期话题作引子，内容宜以故事形式包装，避免流于说教。演讲稿不必逐句背诵但要记熟重点，以便根据现场反应而灵活调配。Powerpoint只是辅助品，整个流程不要死跟图表的次序。

希望观众不打瞌睡，要记得不时加些"笑"，自嘲一下。欠缺搞笑细胞不要紧，幽默感可以后天培养。

演讲是一项舞台演出，精神委靡必定表演失准。前一晚我特地提早上床休息，第二天以最佳状态登场。

虽然演讲令人畏惧，但是你可以视为一次挑战。**世上无难事，工多一定艺熟。**

人生不设限

虽然演讲令人畏惧，但是你可以视为一项挑战。学习演讲技巧，看书只是一方面，多观摩别人的演讲，争取实习机会，取长补短才会进步。

第十七课　投资自己要交学费

　　一家公司善待员工，凡是对员工有利的事情，例如改善工作环境、改进食堂膳食质量……都不会吝啬金钱。唯有一件事是公司不会埋单的，那就是员工的业余进修。

　　老板说，进修是投资自己，用者自付理所当然。更重要的是，只有自费的课程才会认真对待——认真选择真正适合自己的课程，认真上课而不逃课，认真做功课而不是马虎了事。

　　这位老板真是了解人性。对于容易得到的事物，人往往不知珍惜。如果报名学习后可以向公司申请学费补贴的话，很多人会滥用制度，只求尽快报名学习更多课程以利升职，其实是样样通样样松了。

　　有趣的是，用心程度与学习费用多少也成正比。我曾报名学习不少日语课程，因为学费很少，偶尔也曾逃课，回家后鲜有用心温习。

　　相对而言，香港城市大学校外进修部的财务策划课程不仅是学费高昂，逃三堂课就不可以参加考试，如果考试不及格也不可以继续参加后面的课程。那一年，我花在这个课程上的心血最多，从不缺课，对考试严阵以待。

一年暑假，我应邀教授"小说创作初级班"课程。报名学习者要交学费，来的果然都是有心人。

后来，到自己学习打网球和作曲，我是非常乐意真金白银交学费，最多努力工作把学费赚回来。这既是对导师专业能力的认同，也是鞭策自己不要偷懒。

朋友之间聊起某种技能，往往信口开河："这个太容易了，让我教你吧。"等到你认真求教的时候，对方却是约来约去都抽不出时间。不是每个人都有耐性讲课，此其一。时间就是金钱，现代人对于做"义工"兴致不大。与其求朋友无偿讲课（即使你愿意请他吃一顿饭），不如真金白银参加专业课程。

投资就是付出时间、精力与金钱——交学费是否值得，视乎导师是否有实力、用心教，也视乎自己是否选择真正有兴趣的课程，而不是滥报滥读以满足虚荣心。

人生不设限

进修是投资自己，用者自付理所当然。只有自费的课程才会认真选择真正适合自己的，不逃课，做功课。

第十八课 决断力可以后天培养

与几个朋友一起去旅行，对于每天的行程安排，大部分人总是没主意。笔者唯有挺身而出，编排行程。

每当亲友们商量来商量去也没能作出决定，例如到酒楼吃饭，点菜时互相推诿，我总忍不住挺身而出："既然大家都说无所谓，那便'一口价'，由我来吧。"

所谓"一口价"是一种经商手法：明码实价，童叟无欺，省却讨价还价的麻烦，以更快促成交易。用在生活里，就是说一是一，说二是二，不要翻来覆去，拖泥带水。

有趣的是，为什么作决定的偏偏是我？我不见得很有领袖魅力，也不是爱多管闲事的人啊。

细想一下，主要原因是我性子急，一见别人婆婆妈妈便不耐烦，唯有出手。我算是一个勇于作决定、敢于承担责任的人。相对而言，其他人见到有人愿意费脑筋，乐得让脑袋生锈。一次、两次、多次，我渐渐在小圈子里确立了领导地位。

我只是好奇，为什么在场人那么多，可是人人不敢表态，只愿当"应声虫"？这是惧怕群众压力，还是为了收敛锋芒？在生活上作些小决定有何大不了的？动动脑筋不费吹灰之力，何必要偷懒？

读书时，的确有同学为了争取人缘而自甘平凡，不好意思自己一个人泡图书馆，仿佛一无是处就能跟大伙儿打成一片。

我从来反对以平凡交换人缘——交朋友是物以类聚，不是

依靠龟缩，扮成没有杀伤力的小白兔。"应声虫"踏入社会后只会瞻前顾后，畏首畏尾，凡事留一手。日积月累，自然就落后于人。如果在所谓人缘与自我进步之间只能二选一，我一定选择后者。

决断不同于嚣张、自我中心或无视他人需要。决断力是要具备推己及人的心思，作出一个中肯的决定，惠己惠人。

即使优柔寡断、三心二意是天性，决断力也可以后天培养。行动与否，就在一念间。

人生不设限

"一口价"用在生活里，就是说一是一，说二是二，不要翻来覆去，拖泥带水。即使优柔寡断是天性，决断力也可以后天培养。行动与否，就在一念之间。

第十九课　是你的总会回来

当老师是很多人小时候的愿望——读小学的时候，老师是父母之外最亲近的长辈，美好的形象让我们以为，长大后也要为人师表。

大学毕业后，笔者想过当语文老师，但是在一瞬间信心却被人打沉。话说17岁到加拿大念中学而没有参加香港中学会考。多伦多大学商科毕业后回港，以为多花4年重头读起，拿个中文系学士学位，有望成为一名语文老师。

1995年，亲身跑到香港中文大学校务处查询，总服务台的女职员以我没有香港中学会考文凭便匆匆打发我走，没半句解释，没半点善意，连入学申请表都不肯给我。只为她的官僚作风，我的老师路便断了。跟很多大学毕业生一样，我像一只无头苍蝇，不得不向前飞，但是处处碰壁……

对初出茅庐、毫无事业基础的人来说，求职第一步是最难的。不过，年轻的好处是精力旺盛，足以扶助心智，逐步走出一条属于自己的路。

人生是奇妙的。你以为失去的东西，可能以另一个途径回到你身边。我的真正梦想是当一名作家。2002年，当我出版接近10本书后，开始获邀到中学演讲或主讲写作课，以另一个方式获得当老师的满足感。

想起往事，因为岭南大学校外进修部的小说创作班开课了，让我得到很大满足感，回家后忘我地投入备课。我因此重温自己的进修笔记，重读一些喜爱的小说，有助点燃创作热情，课程结束后轮到自己投入小说创作。今年我踏入40岁，想到少壮曾努力追逐梦想，便感觉到青春无悔。

少年时代的你，可曾刻意追求过一份工作、一段感情？过尽千帆，你应该学会放开：如果一件东西命中注定属于你，它迟早会回到你身边。

人生不设限

如果一件东西命中注定属于你，它迟早会回到你身边。只要曾经努力过，就可以青春无悔。

第二十课　过分仁慈只会害了你

《America's Got Talent（美国达人秀）》是个美国受欢迎的才艺真人秀，得奖者可以获得100万美元。美国版捧红不少歌手，英国版《Britain's Got Talent（英国达人秀）》捧红了Paul Potts（保罗·珀斯特）和"苏珊大妈"Susan Boyle（苏珊·波伊尔）。

这个节目的评审是认真的，没有真才实学或搞怪的参加者，一律被淘汰。而节目好看之处，在于三位评判的意见未必一致。

例如某一季节目的评判中，Piers Morgan（波尔斯·摩根）似乎是最严厉的，评语毫不留情，参赛者常常吃不消而落泪。

Sharon Osbourne（莎朗·奥斯本）似乎是最和蔼的，容易给予同情分，对号多过打叉。

David Hasselhoff（大卫·哈塞尔霍夫）没有妇人之仁，但是一见到美少女她就会手下留情。

笔者曾看过一集，不知道是为了制造戏剧效果还是来真的，Sharon竟然受不了Piers对参赛者的恶言恶语而半途离场。

虽然很多参赛者付出无数汗水，但不够水平是事实。Sharon不忍淘汰未够水平的参赛者，只会让他们以为自己是可以的，日后只会造成更大的失望。

汰弱留强是当评判的责任。Piers说得再正确不过了："你的表演值得赢取100万美元吗？"不能忍受冷嘲热讽、稍遇困难即退缩者，不可能成为真正的明日之星。

《Britain's Got Talent》的得奖者Paul Potts证明，外貌平平也有出头之日。可惜很多人断章取义，误解平凡等于成功。外貌平凡的人没有便宜可占，必须要更加努力，为自己打造出超强实力，才能打破宿命。

同样，很多人在父母朋友眼中是王子公主，其实头上的光环却是未经现实考验过的——过分仁慈只会害了你。唯有投身社会，得到周围人认同，才算是真正的成功者。

很多打工族被人责骂几句即满腔委屈，忘记从中吸取教训。事实上，打工受气难免，不妨记住这句话：**"骂你就是塞钱进你口袋。"**

办公室里，上级、同事和老板都没有责任呵护你的弱小心灵。给人骂几句不必记仇，知错能改就好。

人生不设限

办公室里，上级、同事和老板都没有责任呵护你的弱小心灵。给人骂几句不必记仇，知错能改就好。

第二十一课　经常抱怨招倒霉

一位朋友每次见到我，总会似笑非笑对我说："你很好啊，不用上班！像我上班多受罪！"

他可能以为，这是一句恭维话，意思是说我是自雇人士，不受制于朝九晚五，不用向上级汇报，不用受老板、同事和客户的气，每天早上不用被闹钟吵醒，每年不只10天的带薪假期……

言者无心听者有意，这不是恭维，而是酸溜溜的怨气，仿佛我从事了不正当的勾当，难为他仍在苦海浮沉。其实，他没有真正关心我的生活，也没有看到我在背后的辛劳，就断言我享受了非分的福气。

上班受气是人之常情，偶尔发泄一下无可厚非。然而，习惯性地羡慕别人不用上班，是否反映出自己潜意识很讨厌目前的工作呢？

一份工作是否适合自己，可有条件另谋高就，只有自己最清楚。事业要靠自己打拼，别人是否朝九晚五，跟自己的事业前途完全没有关系。

也许，他的话是一种习惯成自然、聊胜于无的无病呻吟。

然而，经常抱怨会折福。这不仅影响你的工作士气，也会对身边人散播负能量，最后自食恶果。

无心之话传到上级或老板耳中，以为你对工作万分不满，下一个裁员对象就是你。听在朋友耳中，会以为你是在说反话来炫耀。

为五斗米而折腰是很正常的一回事，只要那五斗米是自己选择又喜欢吃的，已经算是幸运的。

若非如此，请努力自我增值，累积条件寻找属于你的五斗粟米或花生米。如果甘心受制于命运的安排，那就要有一点儿骨气，不要遇到人便开口抱怨。

口是心非是人性特点，尤其是中国人，明明在乎却说无所谓，明明讨厌又欲拒还迎。如果打心底里接受目前的工作，那就不要常常暗示讨厌上班，为自己制造负能量的磁场，招惹霉运到自己身上。

人生不设限

经常抱怨会折福。这不仅影响你的工作士气，也会对身边人散播负能量，最后自食恶果。

第二十二课　一时失业，
　　　　不等于一辈子失意

电视新闻报导．一位年轻求职者对记者说："虽然面试多次都回家等消息，有点儿累，但我仍然有信心。"

年轻人斗志旺盛，看得我精神一振。

这年头，倒霉失意者太多，可怜相不但博取不到同情，反而惹人生厌。

神采奕奕容光焕发者，即使目前失去工作，也会令未来的雇主眼前一亮。一刹那好感可能正是击败对手脱颖而出的关键。

因此，失恋者不能头发蓬松，反而要穿戴整齐，发型醒目。失业者不能一副生意失败相，反而要早睡早起，保持做运动，养足精神去找工作。

年轻人失业，有志难伸，看似很惨。其实与上有高堂下有子女健康婚姻皆亮红灯的失业中年相比，大部分年轻人在求职期间仍能住在家里，不至于没地方吃饭，因此最好不要把失意夸大才好。

一时失业，不等于一辈子失意。社会上有各种学习或实习机会，年轻人有的是体力、时间，只要不是赖在床上等好运到，迟早一定会走出自己的一条路。

回想1995年，朋友介绍我进入香港卫视音乐台当节目主任，作为从加拿大回归香港第一步。作为社会新人，我不敢推三推四。只是干了8个月，天天对着英文MV（音乐电视）、

排行榜，我感觉度日如年。

公司位处红磡黄埔花园，每天中午，我最爱独自跑到商场的大众书局，一天买一本书，读得津津有味。后来我明白了，出版业才是我的目标。

香港出版业规模很小，很少有单位刊登招聘广告。我想自己总不能不做事，于是先考进华娱电视做数据撰稿员(research writer)，那是1996年。3个月后，从报纸上看到博益出版社的招聘广告，过了三关，我成为助理编辑。这份工作没有做很久，后来我寻寻觅觅，曾寄信到无线电视投考编剧训练班不果……直至1997年9月进入广告界，求职之旅才告一段落。

那段日子，可以说是前半生低潮。回想起来，倒是变成有趣的经历，不怕坦率跟别人分享。没有当年的我，就没有今天的我。毕业后的茫茫路，竟然一步一步地踏出了方向。

人生不设限

社会上有各种学习或实习机会，年轻人有的是体力、时间，只要不是赖在床上等好运到，迟早一定会走出自己的一条路。

第三章

立身之道——

细品人生善与美

第二十三课　一线尾二线头也不错

在家看了几张 VCD，发现好些 "一线尾二线头" 的好莱坞演员，例如 Mark Ruffalo（马克·鲁弗洛）、Tea Leoni（蒂亚·里欧妮）、Greg Kinnear（格雷戈·金尼尔）。

这些名字的见报率赶不上一线巨星，一旦看见他们的脸，观众却会大喊一声："我认得他，我记得他在某部电影中的角色，演技不错呀！"

以一线男明星挂帅的电影，常见女演员Tea Leon担任女主角，例如《末日救未来（Deep Impact）》、Nicolas Cage（尼克拉斯·凯奇）的《居家男人（The Family Man）》、Jim Carrey（金·凯瑞）的《新抢钱夫妻 （Fun with Dick and Jane）》。

真心热爱工作

男演员Greg Kinnear曾在TomHanks（汤鲁·汉克斯）和Meg Ryan（梅格·瑞恩）担纲的《电子情书（You've

GotMail）》、Renée Kathleen Zellweger（蕾妮·凯丝琳·齐薇格）担纲的《急救爱情狂（Nurse Betty）》中任男配角。

如果所拍的电影是二线明星为主，他们就有机会担任主角，例如刚看完的这套《鬼全真（Ghost Town）》，Greg Kinnear便担任第一男主角。

我不敢越俎代庖，代言他们的心声。我只是猜想，他们纵使不是最英俊最漂亮最出风头的一线巨星，但演出不断，可见他们是敬业乐业的实力演员，也是真心热爱这份工作。

盲目追求好事变坏事

有上进心本来是好的，如果盲目追求却容易好事变坏事。一个行业里，站在第一线的人永远只是少数，他们得到很多也失去很多。追求目标与做好本分、功成名就与工作满足感之间，应该做到平衡。

人生不止于事业成功，难道那些事业不太辉煌的人就活该一辈子不快乐？

答案当然是不。工作以外，家庭和谐、亲子关系、个人健康同样是相当重要的。

很多人为"一线尾二线头"者愤愤不平，以为他们长期妒忌比自己成功者，长期心理不平衡。事实上，子非鱼，焉知鱼之不乐？谁敢断言他们不会升上一线？

在《甜心先生（Jerry Maguire）》受到注目后不断升级的Renee Zellweger正是一例。

人生不设限

有上心进本来是好事，如果盲目追求却容易好事变坏事。追求目标与做好本分、功成名就与工作满足感之间，应该做到平衡。

第二十四课　工作是为了什么

有句话叫："衣食足而知荣辱。"一个人有吃的有穿的，满足了基本生存需要，才有羞耻之心，知道什么叫做失礼，什么叫做屈辱。

从前，社会仍未富裕，工作就是为了三餐一宿。出身贫苦大众家庭的小孩子很早就有脱贫意识，最正确的做法是努力念书，用心工作，回报父母养育之恩。

衣食足却不知荣辱

如今的社会情况是，衣食足反而不知荣辱。很多有一定经济能力的父母有点儿余钱，不急于靠子女养家，孩子找不到工作，宁可让他们在家当"啃老族"，也舍不得让他们一步步去闯。

在父母庇荫下衣食无忧的年轻人，没有求职压力和动力，反而坠入空虚、无聊和寂寞的迷雾中。无聊的人脑袋会生出邪念，很多坏勾当如吸毒等的起因都是因为无聊。

不少离开学校的年轻人，一下子难以调整心态。有些人甚至有这样奇怪的问题："上班这样辛苦，那点儿工资还不够我平日消费，买个名牌包，为什么非上班不可呢？"

所谓辛苦，包括听闹钟起床、在繁忙时间挤公交车、受上级管束、服务客户、在办公室坐牢似的度过一天等。很多打工族的基本责任，在他们眼中变成煞有介事的苦差事。

时代不同，今天我们身处和平的土地上，没有饥荒，没有战乱，的确是稍微欠缺一点儿挣扎求生存的动力。但是这并不代表，我们不需要着急自己的前途，不需要做好手上的工作。

借工作栽培自己

试试这样想，如果工作不是为了讨生活，至少是为了栽培自己吧。一个人在家打电脑上网睡懒觉不可能成才，在办公室跟上级、同事和客户互动才能了解社会。工作让你发掘个人长处，开阔眼界，得到生活充实的满足感。

既然是不必为养家而工作，那就找一份有兴趣的。找不到一份符合自己兴趣的，也尽好一个打工者的责任，以对得起天地良心。

即使不用朝九晚五到办公室报到的人，也应该找点儿正经事做。贵妇人寄情慈善事业也是工作——**你可以不上班，但不可以游手好闲。**

人生不设限

如果工作不是为了讨生活，至少是为了栽培自己。一个人在家打电脑上网睡懒觉不可能成才，在办公室跟上级、同事和客户互动才能了解社会。

第二十五课　心善则美，人懒则丑

由香港无线电视主办的香港小姐评比不再是城中盛事，得奖者才貌每每平凡，不会掀起半丝涟漪。

比较难忘的是，2009年8月举行的香港小姐评比则打破惯例，冠军并非由前届香港小姐负责加冕，而是另找嘉宾。有能力突破传统兼打破纪录的人是2008年港姐冠军张舒雅。

当选后，她屡次请病假怠工，一年来不曾履行任何"港姐使命"，加冕前根本没有心声可以跟观众分享。

毫无诚意，路人皆见

记者问无线总经理陈志云，可会跟张小姐签约为艺员，他说没有这个打算。这年头工作难寻，娱乐圈更是靓女不缺，张小姐不是国色天香，加上工作态度懒散，老板也不必求她工作。

可是搞笑的是，张小姐曾经发电子邮件给陈总，说"可以考虑接受轻松点的工作"云云。对她来说，这封信算是一个交代。旁观者读起来，只觉得措辞笨拙而且自大，毫无诚意。真有诚意，就会懂得直接打电话，或是亲自到办公室求见。

除了工作态度，张小姐的爱情也惹人无限想象：什么男人会喜欢这种懒散的女人？跟这种女人拍拖的男人也是同样懒散吗？女朋友如此懒散娇纵，男人的形象也受影响吧。

没有人生目标的花瓶

也许，最初两个人可能是情投意合。只是日子久了，这种没有人生目标、不事生产的女人会令男人生厌吗？履历表一片空白的年轻女人，日后的人生是否真的无风无浪，容许自己挥霍年华？

曾几何时，张嘉儿（2007年冠军）被喻为"史上最丑港姐"。卸任后她转当艺员，默默工作，仔细看，她只是不够艳丽，但不是丑八怪。

莫可欣（1993年冠军）也一度被封为"史上最丑港姐"。多年后，她建立起自己的事业，成功俘虏俊男方中信，更当上妈妈，容貌可亲很多。

人生不设限

　　世上没有丑女人，只有懒女人。相由心生，懒散、缺乏上进心、没骨气、依赖心强的女人才是最丑的。

第二十六课　平凡人应该脚踏实地

收到银行来信，说我有了一位新的客户经理。经济好转后，人望高处，蝉过别枝，人之常情。有一天，乘到银行处理账务之便，跟他正式见个面。

一眼认出来客户经理从前在柜台服务过，我脱口而出："恭喜你升职啊！"10年前，我在铜锣湾的广告公司上班，常趁午饭时间到银行，多次由他协助。近年，我多使用网上理财，很少亲自到银行办理，想不到如今他已经跻身为经理级。

凭努力跨过不景气

10年前，他大概是20岁左右，今天的他30左右，相貌一样平凡，但是却穿上西装打着领带。我跟他聊了几句，问他在目前市场行情下，买楼买股票的利弊。他解释投资起来头头是道，谈吐得体，整个人仿佛脱胎换骨了。

10年来坚守岗位，在1997金融风暴、2003年SARS危机的不景气中避过裁员劫数，反而获得晋升，想必他在背后一定付出不少努力。

在注重纪律、诚信的香港银行工作，必须打起十二分精神。银行的工作气氛严肃，不容许员工打私人电话或者嘻嘻哈哈，下班后的业余进修、考驾照、推销产品等更是没完没了……

平凡人的奋斗故事

平凡人的奋斗故事没有大起大落的剧情，倒也足以使人感动。人海中的你我他都是平凡人，我们没有不劳而获的际遇，不如脚踏实地辛勤工作，静待收成的一天。

10年一闪而过，倒也足够为目标拼搏而略有小成。回报未必成正比，至少无负青春。相反，一个人要是浑浑噩噩，同样很快从少年走到中年而一事无成。

不知不觉，大学毕业17年，投身文坛16年，写了27本小书。这些不是流芳百世的巨著，却是一个年轻人排除万难追逐梦想的证据。

人生不设限

平凡人没有不劳而获的际遇，不如脚踏实地辛勤工作，静待收成的一天。

第二十七课　老实人也要与时俱进

"老实人小心谨慎地过着自己的日子，不太与人来往。他们处处忍让别人，不知与人竞争，处处吃亏。他们思考问题总是用一个固定的模式，不肯接受新事物，因而很难适应变化迅速的现代社会，也错失许多良机。"

这是《不要再做老实人》（李津编著，红橘子文化）的封面语。

老实人的盲点

此书不是叫老实人摒弃优良品质如诚恳、耿直、善良及爱好和平等，而是一针见血地指出老实人的盲点。

凡事可以两面看，如果过了火候，好心也会做坏事。老实人坚守做人原则，但可能稍欠灵巧圆熟，有意无意得罪了别人。

老实人与世无争，但可能稍欠自我推动力，浪费大好潜能。老实人执著于友情的纯度，坚拒"滥交"朋友，但可能陷于自我孤立，令事业发展受到局限……现在社会很复杂，老实人如坚持己见，不肯稍作调整，生存空间会愈来愈狭窄。

老实人更应了解人性

举个例子，在从前"人人为我，我为人人"的社会，信任朋友、乐于助人完全没有问题。今天的社会人心难测，如果屡次被心术不正者利用、欺骗感情或金钱，自己也有一定责任。徒自慨叹世风日下无补于事，老实人应该学习了解人性，慧眼识人。

老实人如能兼收并蓄，一方面保持优良品质，另一方改善个人弱点，可望活出更惬意的人生。

世情变幻无常，单纯的人也要学会自我改进。至于如何变、变多少，分寸要靠自己拿捏。

这本书内容充实，不似坊间某些励志书把名人语录、历史故事东拼西凑而成，也没有沉闷的说教——**忠言逆耳，与其教训朋友伤了和气，不如送他一本好书。**

人生不设限

世情变幻无常，单纯的人也要学会自我改进。至于如何变、变多少，分寸要靠自己拿捏。

第二十八课　扭曲喜恶没有好结果

梦里，见到自己被一家著名广告公司聘为撰稿员，同事们都是活力十足的年轻人，办公室装潢漂亮，离家很近，步行就到。

照理说新工作应该兴奋，内心却隐隐觉得不妥：自雇多年，何以贸然再作冯妇？为了工资高待遇好？为了大公司的优越感？为了团队式的工作环境？

梦中的我没有"写作者"身份，如果不做这份工作，不见得有其他重要任务，似乎没有推却的理由。

随俗实则兜兜转转

第一天上班，公司秘书把我带到座位后就离开了，整天不见上级出现，同事们不认识我，各忙各的。

被动是不能融入群体的，下班时，跟几个同事一起离开办公室，战战兢兢自我介绍，煞费苦心找话题。梦里的我心知肚明，每次换工作总要重复这些规定动作，内心却无限疲惫……

一阵寒风吹醒了我，原来只是一场梦，大喜过望。活到半生，没理由贪恋表面风光，而置内心的喜恶于不顾啊。

面对人生抉择，我们表现得婆婆妈妈，原因不是没有是非喜恶，而是不敢追随己心。人家是一番好意，但好意是否适合你，自己最清楚。随俗看似安全，实则来来回回，浪费人生。

扭曲自己并非长远之计

扭曲自己的喜恶太难了，扭得了一时，扭不得一世。明明哑巴吃黄连，最终也是得不偿失。

每个人总有当局者迷的时候。试想一下，什么事情是你不知不觉中坚持最长久的，那就是你的最爱。

我1995年大学毕业回港，曾经做过几份工作，坚持至今的反而是写作。

如今，每天自动 6 点半起床，跑到网球场，下雨天便觉扫兴——我不得不承认，打网球是我的新欢，热爱程度甚至超越写作。

人生不设限

面对人生抉择，我们往往不敢追随己心。扭曲自己的喜恶太难了，扭得了一时，扭不了一世。随俗看似安全，实则来来回回，浪费人生。

第二十九课 眼界愈远胸襟愈广

看罢美剧《绝望主妇（Desperate Housewives）》第四集，领悟了一点点做人道理。

话说Lynette（勒内特）在花园的大树上建造树屋，新来的邻居Catherine（凯瑟琳）自命街坊组长，策动群众力量拆除它。患了癌症的Lynette不能忍受别人摧毁她留给孩子的梦想，撑着身体捍卫家园。

八卦累人累己

家家有本难念的经本属平常，在小镇生活的一众女角偏偏要好奇、八卦、插手、干预别人的家事，秘密知道得越多，处境越危险，累人也累己。

Gabrielle（加布里埃）嫁给有财有势有情趣的候选议员Victor（维克多），却与前夫Carlos（卡洛斯）藕断丝连。千方百计留住Carlos的Edie（伊迪），不忿他跟前妻偷情而复仇。Gabrielle与Carlos为了掩饰奸情，结果闹出命案。

女人渴求爱情不是错，错只错在她们的目标来来去去是小镇里的几个男人，从而引发妒忌、争夺的困兽斗。

现代人频频与人结怨、冲突，只怪城市生活充满压迫感，人与人的距离太小，加上我们心胸狭窄，视线范围局限于身处的小圈子。如果我们眼中还有更重要、更有价值和更宏大的事情，那些令我们抓狂的人际是非，琐碎的生活烦恼就会被忽略掉。即使矛盾无可避免，也可望大事化小，从而减轻对情绪的伤害。

眼界可以培养

你说："就像剧中一众'绝望主妇'，我年纪不轻，学历不高，不够条件冲出自己的城市，谈何开阔视野，改变人生？"

眼界是可以培养的，没有钱去国外旅行，可以到郊外走走；没有遇上良师益友，可以多读好书；没有精力上夜校，可以通过电视或上网吸收各类信息。今夜，何不打破惯性，不看电视剧，尝试收看网络卫视了解一下国内外大事？

身体受制于现实条件，精神却不然，一切就看你的决心。

人生不设限

　　眼界是可以培养的，没有钱去国外旅行，可以到郊外走走；没有遇上良师益友，可以多读好书；没有精力上夜校，可以通过电视或上网吸收各类信息。

第三十课　知耻近乎勇是上策

　　某一年书展，继错字百出、差评如潮的"爱情小说"后，绰号"才女"的年轻女歌手又出书了，这次是食谱——她说，这次以图片为主，又有专业编辑校对过无数次，不可能找到错字了。

　　言外之意，上次被人发现很多错字，不过是当时的编辑功力未够而已。这次，当事人的文笔大可以继续拙劣，反正书继续出，才女继续做。不知这是她的个人想法、代理公司为她精心雕琢的台词，还是记者的断章取义？

知耻近乎勇是上策

　　知耻近乎勇是上策。出丑后，唯有保持谦逊才能优雅地下台。言多必失，如果我是她，明知文笔拙劣，要不将勤补拙，要不少说话多做事。

　　明星出书不是奇闻，不少出版社热衷出版明星书本无可厚非。笔者认为，唱片公司找人代笔，但代笔者的写作能力没有达到专业水平。唱片公司搞出版，没有找到富有经验的编辑，欠缺一个在著作出版前改掉错字或文法错误的把关人。女歌手从来不曾展现其烹饪技巧，这次她变身为美食家，食谱找人代笔亦不稀奇。

我实在不明白，女歌手何以非要当才女不可？也许，这个年头，所谓歌手不过是一件商品，代理公司让他们做这做那，他们也是身不由己吧。

人贵有自知之明

人贵有自知之明，女歌手应该有自知之明，其代理公司更应该如此。既然唱歌跑调，何必硬要逼她唱歌？既然演技欠佳，何必硬要她演戏？既然文学水平差，何必硬要替她塑造才女形象？

也许，代理公司也是有苦自己知，除了绯闻，抓破脑袋也不知她还有什么卖点。归根究底，错在一开始便低估了听众的要求，以为有点姿色的女子足以捧成偶像。如今出道三五七年，名气不高不低，成绩不好不坏，捧之无味弃之可惜。

今时今日，别人称你为"才女"或"才子"可能是一种讽刺，自封"才女"或"才子"等于穿上国王的新衣。

人生不设限

知耻近乎勇是上策。出丑后，唯有保持谦逊才能优雅地下台。

第三十一课 管理好时间会得到幸福

　　时间管理是现代上班族的重要课题，当每一个人的才智、学历差不多，主导胜负的关键可能就是时间管理了。

　　很多人平日忙到七窍生烟，一到周末反而无所事事，这是因为没有编排好生活程序所致。

　　做事拖延、优柔寡断都是浪费时间的元凶。你可曾发觉，朋友一起吃饭时，单是叫什么菜也可以你推我让，没有人愿意拿主意，拖拖拉拉浪费15分钟！

时间管理影响交际

　　行外人总爱问我，是否是半夜点灯写稿，然后一觉睡至日上三竿？随着年纪渐长，我不再是夜猫子，一来熬夜会生病，二来是负担不起日间睡觉的奢侈。很多杂事例如上银行、去邮局、家居维修、见律师等，都是在朝九晚五时段进行的。**工商业社会就是朝九晚五这样运行的，你偏要倒行逆施，最终时间**

大乱的肯定是自己。

精神状态也是时间管理的关键。为了保持良好的精神状态，近年早晨跟邻居打两小时网球，做完运动才开始工作。

时间管理不仅仅是个人问题，也在于你跟什么人交往。如果你是个心太软的人，不好意思对爱人说不，彼此就会变成24小时黏在一起的连体婴儿，甚至一天48小时都不够用。

善用时间实现理想

我买过、读过多本时间管理的书，最有用的是这两本：
《时间管理幸福学》（吴淡如著，方智出版）、《时间的开发
与管理》（石井胜利著，清华管理科学图书中心出版）。

后者是多年前在台北诚品书店买的，现在恐怕找不到了。
吴淡如是知名作家与电视主持，她说的全部经过亲身印证，说
服力强，文笔又有幽默感，尤其贴近自由工作者的需要。

原来她初出道时曾任职一家作风保守的大机构，工作甚为
清闲，于是每天对着计算机创作短篇小说，后来结集为第一本
著作，就此踏上作家之路！

人生不设限

工商业社会就是朝九晚五这样运行的，
你偏要倒行逆施，夜间写稿日间睡觉，最终
时间大乱的肯定是自己。

第三十二课　阅读是人生之本

小学4年级时，语文老师为了鼓励同学用心写作，为佳作盖上"贴堂"印章。获奖者用原稿纸把文章誊写一遍，贴在教室后面的墙报板上。

从上学期到下学期，我的作文篇篇贴堂，成为班上的"作文王"。"金榜题名"固然让我自豪，更重要的是，8岁的我得知自己也有一技之长，增强了自信心，有了梦想——我长大后要当一名作家。

恰当利用虚荣心

长大后，阅读与写作成为我最享受的爱好。大学毕业两年后，我出版第一本著作。比同龄人深厚的阅读兴趣和创作能力，使我遨游在出版、广告和传媒等多个行业。如果没有4年级作文贴堂的转折点，我不敢想象，今天的我会变成一个什么样子。

由此可见，凡人皆有一点虚荣心，小朋友也不例外。恰当地利用好这种虚荣心，可以达到激励效果。如今，计算机排版和印刷技术进步很大，出版一本书变得容易多了，不少学校把学生作文结集成册，让小朋友拥有一本合集，珍藏一生。这正好弥补了报刊投稿园地越来越少的不足。

成功源自好习惯

很多家长说："当作家就得去要饭。"在香港这个商业社会，单靠全职写作来养家的人，做得到者的确是少数，但阅读和写作所带来的收获，其实远在金钱回报之上。

小朋友磨炼写作技巧，不一定是为了当作家，而是给自己锻炼语言及文字表达能力，好将来应付生活和工作所需。

小朋友增强阅读能力，不一定是为了考入大学中文系，而是给自己一条通往天下知识的钥匙。

两者兼备，你会拥有独立思考、解决问题和跟别人沟通的能力。两者缺一些或两者皆缺，不仅竞争力上逊人一筹，人生乐趣也将大打折扣。

成功源自好习惯，好习惯从小培养，阅读是人生之本。

人生不设限

　　给自己锻炼语言及文字表达能力，你会拥有独立思考、解决问题和跟别人沟通的能力，竞争力胜人一筹，尽享人生乐趣。

第三十三课　简化生活才能好好地过

这一天，专栏未写，书展新书要校对，小说3年未写完……正在犹疑要不要中断工作，出席中午举行的文化活动记者招待会；要不要接受一份临时性的夜班差事；要不要出席周末的老同学聚餐。

拒绝别人怕不好意思，一味说好却耽搁自己的正经事。刚好那时候，打网球弄伤右膝，每周三次做物理治疗和看医生，工作时间被打断了。

实现目标应该一步步做起

正如《少做一点不会死——越少越厉害的超简单工作生活双赢法则》（野人文化）的作者Leo Babauta（利奥·班巴塔）所言，现代人太贪心了，什么都要比多比快，每天忙得团团转，其实却是多做杂事、不停上网和检查电子邮件、处理别人交托的事情。这样下去，难怪梦想落空，身心承受莫大压力。

作者主张"少才是力量"：每天只做三项最重要的事情，其一必须跟长线目标有关。我们要分辨堆在面前的事情，哪些有助于实现人生目标，哪些是迟些做甚至不做也不会死人的。

　　实现目标如减肥、跑步和学习一种专长等，应该从小目标做起，循序渐进。把目标定得太高，人会受不住压力而中途放弃。作者身体力行，在一年半时间内达成戒烟、写作、辞职、出书、陪伴家人和做运动等目标，过着快乐的生活。

取舍关键是听从己心

我也曾花了8个月打网球和吃得清淡，减了11公斤。除了管住嘴不馋外，并没有进行"绝食"。除了每周五天早起冲到网球场挥拍一至两小时，我没有进行地狱式体能锻炼。换言之，减肥过程没有受到太大的"委屈"或付出过多"牺牲"，因此才能持续多月。

笔者认为，简化生活才能好好地过，取舍的关键是听从己心。对一件事情心有迟疑，就是并非百分之百地想做。如果不做不会死，那就索性把心一横放弃吧。这需要一点点狠劲和自我主张。

最后，上面三个邀约我都推辞了，整天乖乖待在家里，抓紧时间读完一本好书和交稿。

从前的我上进又贪心，各种类型的工作都愿意做，以争取宝贵经验。人近中年，逐渐发现刀太多的话让人疲于奔命，不如只练好一种刀法，一招走天涯。

人生不设限

简化生活才能好好地过，取舍的关键是听从己心。对一件事情心有迟疑，就是并非百分之百地想做。

第三十四课 每个人都要带着 良心上班

身在医院，最能验证"医者父母心"这句话是否成立。父亲曾在上海瑞金医院住院治疗，让我有机会了解一二。

打点滴时，当药液快要耗尽时，我们按铃通知护士换上新的，护士很快就过来了，脸上保持着微笑。

所有医生和轮班护士都明了病人的情况，不论何人当值，都记得对病人作出适当护理。在此衷心感谢血液科沈志祥教授、吴文主任、高医生、徐星萍护士长等全体医护人员。

粗心大意让别人吃苦

相对之下，我见过香港玛丽医院查房的实习医生，二话不说冲进病房打针、抽血、走人，令病人痛得死去活来甚至皮下出血。

最经典一例是病人支出一向由我的信用卡支付，从来准时没拖欠，但医院财务部不理三七二十一，没有预兆就把新一期账单送到病房，一张红色Urgent（加急）即时帖吓得父亲以为，这就要被医院扫地出门。

当我收到父亲在病榻中来电，问我为什么欠交医药费，我在压力下终于爆发，气得马上坐出租车飞奔到玛丽医院。那些财务部的人却优哉游哉地吃午饭去了。他们并不知道，自己的粗心大意让病人和家属吃了不必要的苦头。

医疗是一个人的行业

我相信绝大部分香港的医护人员都是好心人，2003年SARS一役让人们见证了他们的专业操守。也许是香港医院长期人手不足，在长时间工作的疲累和压力下，再好脾气的人都会不耐烦。

投诉风气盛行下，为免受责，按"规章"办事最"安全"，病人就变成了档案号码。后勤部门没有机会见到病人和家属受疾病折磨痛苦的脸，更是"光明正大"按规章办事。

偏偏，医疗是一个人的行业，病人是人，治疗也要由人来执行。多点细心，多点体恤，很多医疗事故就会避免发生。

从医院到办公室，每个人都要带脑袋带着良心上班。如果我们的表现跟机械人无异，他日被机械人抢去饭碗也是活该。

人生不设限

每个人都要带脑袋带着良心上班。如果我们的表现跟机械人无异，他日就活该被机械人抢去饭碗。

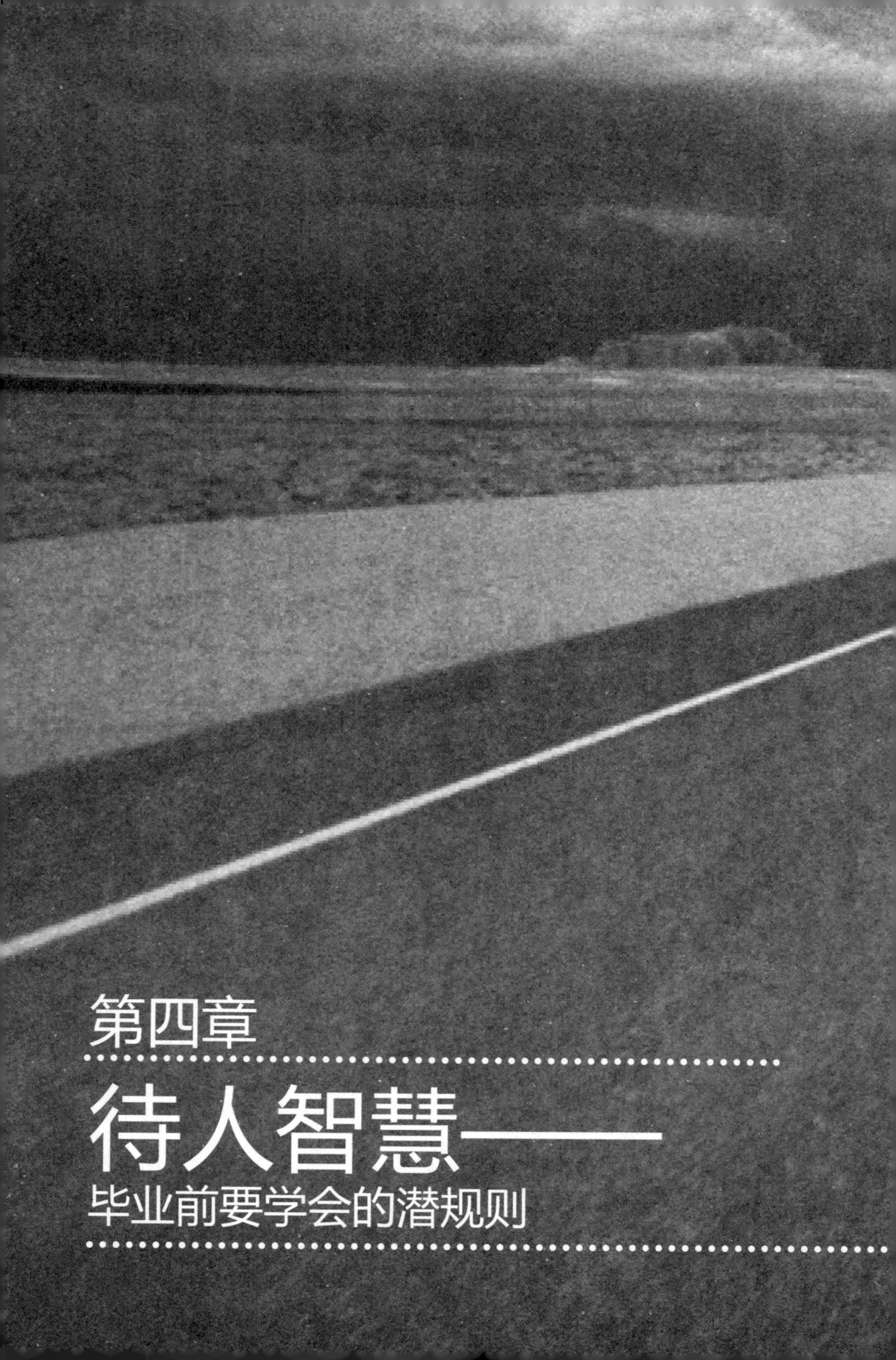

第四章

待人智慧——

毕业前要学会的潜规则

第三十五课　进屋叫人的智慧

　　某一天下午，到香港电台接受访问后，距离下个约会还有不多不少的两个小时，我想既然是来不及回家再出门，索性在饭店喝杯咖啡，看一本书。

　　突然听到身后一句熟悉的声音，回头一望，原来是一名两年前访问过我的女主持人在打电话。我想跟她打个招呼，但彼此只有一面之缘，万一她回忆不起来我是谁，岂不尴尬？一向不善于社交的我又想，打完招呼后该说什么才好？

　　为了克服个人弱点，我还是鼓起勇气，等她打完电话，转身跟她打了一个招呼，主动报上名字。意想不到的是，话匣子很容易就打开了，大家谈近况，谈股市，不亦乐乎。

聊天并非想象中难

　　这时，另一名男主持人在柜台交款。他先见到我的，向我展现笑容打个招呼。两年前，我曾在电台担任客席主持，大家虽然不曾正式合作，也算是认识的同事。买完食品后，他到另一张桌跟一名女同事聊天。

跟我聊天的女主持人离开后，我觉得礼貌上应该跟男主持人打个招呼的，因为人家已经先行一步。我鼓起勇气，跑到邻桌，说声："打扰两位了，我是黄擎天，很久没见啊。"原来打开话匣子并非想象中难，我递上最新名片。

我坦率请教男主持人："你眼力这么好，两年没见仍然认得我。"他笑了笑，道："做这一行需要的。"

妈妈教育的道理

想来也是，妈妈教育道："进屋叫人，进庙拜神。"不论从事什么行业，不论是工作还是社交，主动跟认识的人微笑示意，打个招呼，除了是有礼貌的表现，也是在传达这样一个信息："我是友善的，欢迎你接近我。"这样，有工作做和聚会的时候，对方会比较容易想起你。

相反，**对别人视若无睹，即使并非故意，即使只为害羞，也难免让人误解，你是一座拒人于千里之外的冰山。**

很多打工者自认小角色，在走廊遇到高层都不敢正视。一家公司几十人，高层不认识你是正常的，只要主动报上名字和部门，就能给人一个大方有礼的好印象。

人生不设限

不论是工作还是社交，主动跟认识的人微笑示意，打个招呼，除了是有礼貌的表现，也是在传达"我是友善的，欢迎你接近我"的信息。

第三十六课　人头计算机不懂礼貌

现今的便利店收银员，多由老年女性新移民或年轻的本地女孩子从事。顾客付款后，前者会说"多谢"、"要不要加5元换朱古力"，虽然笑容僵硬，语气呆滞，明显是根据老板指示办事，但是总胜过后者的面无表情，一言不发。

这一天，收银员是个不足20岁的女孩子。她一言不发却瞪大眼睛望着我有好几秒之久，目光似友善非友善。这当然不是因为我高大威猛玉树临风英俊潇洒，而是她不懂礼貌。相信这女子并非心存恶念，而是不知道如何跟顾客交流。

我忍不住说："如今的年轻人习惯对着计算机，不善于沟通，你可以说声谢谢，而不必瞪着客人啊！"

礼貌不是天生的

很多不善于沟道的人心里想：最好店员和顾客都像内置了程序的机械人一样，只有动作而不必对话。

礼貌不是天生的，而是后天训练的结果。当我们面对计算机的时间多过面对人，语言能力与社交技巧会自动退化。面对计算机过日子会愈来愈蠢，人头计算机比人头猪脑更差劲。

自我反省一下，我也是天天对着计算机至少8~10小时。还好我早已告别青春，不打游戏不上传私人照片到Facebook，不搞网上交友，八成时间是为了写稿，其余时间是写微博和回复电子邮件。

改变恶习已太迟

计算机之可恶，在于它与吸烟一样，令人上瘾而无法自拔。等你一朝醒悟，改变恶习已经太迟了。

成功的人除了本身勤奋努力，甚至连时间管理都有一套。成功以前，先要学会时间管理。

现代人的时间管理，包括限制面对计算机的时间。细想一下，30年前，个人计算机和手机仍未普及，人们照样辛勤工作，地球仍然自转公转。放眼今天，电子邮件不必每分钟检查，微博不必每分钟更新，Facebook也不必分分秒秒留神。

人生不设限

礼貌不是天生的，而是后天训练的结果。当我们面对计算机的时间多过对人，语言能力与社交技巧会自动退化，人头计算机比人头猪脑更差劲。

第三十七课　假如乱说话足以致命

　　有点儿本事的人难免恃才傲物，同样是迟到早退，老板严责他人，对家明却没说什么。家明为享有少许特权而沾沾自喜，常跟朋友炫耀自己可以下午开小差，到茶餐厅吃下午茶。

　　一天，向来和颜悦色的老板招呼家明进办公室，劝他自己辞职保存颜面。这一下晴天霹雳，把他吓呆了。家明从没想过，在这次裁员风暴中，自己竟是首当其冲的一员。

别只怪小人当道

　　老板说，不满他平日迟到早退，同事们和他的主管都对他有微词。这时，家明才明白，自己平日的一举一动都被同事们看在眼里，一有机会就成为整治他的小材料。他的逾越规矩，老板并非视而不见，而是记录在案。当分数被扣至不及格的时候，老板会不作警告就先发制人。

　　即使遭遇小人暗算，家明可别忘记自我批评——办公室政治的最坏结果只是失去一份工作，但人往往未知反省，只怪小人当道，反正东家不打打西家。不知改进的结果是落脚到另一家公司，老毛病照样发作，下场一样惨淡。

做好本分，明哲保身

读一本官场斗争的历史书，看一出后宫明争暗斗争宠的电视剧，或可收当头棒喝之效：官场或后宫人心难测，陷阱处处。奴婢或太监纵然不屑花言巧语，亦须谨言慎行，善于观察主子的眉头眼额。否则，轻则给掌嘴、受杖刑，重则人头不保。即使当上妃子或丞相，仍要看天子的脸色。

现实世界里，正是因为胡言乱语、轻举妄动都不会招致人头落地，我们渐渐忘记做好本分以求明哲保身。**如果一句说出的话足以致命，再八卦的人也会谨言，再自大的人也会谦恭，再懒惰的人也会将勤补拙。**

人生不设限

打工者的逾越规矩，老板并非视而不见，而是记录在案。当分数被扣至不及格的时候，老板会不作警告就先发制人。

第三十八课 成也习惯败也习惯

与一位熟悉的朋友相约一起吃饭，也请朋友带一个年轻的女孩子一起来。

正在学习随心所欲的我觉得无所谓，这个女孩是她的朋友，跟我曾有一面之缘。她的恋爱经历惊天动地，可以听她分享最新恋爱故事。

我提前订好了日本寿司自助餐后通知他们，朋友却来电话说，这个女孩子要作地狱式减肥。既然这样，我们就改订另一家餐厅吧，我们大快朵颐，大家聊聊天就好，女孩子大可以少吃甚至不吃。

Y世代的特征

我和朋友准时出现，给女孩子发一条手机短信。一个小时过去了，女孩子没有来电话，也没有回复短信，答案是她爽约。

我和朋友相见甚欢，并没有被这个爽约的女生扫了兴。不过，我对她的印象大打折扣。

这天回家打开电视，正巧看到新闻节目《星期日档案》探讨"Y世代"——1976年后出生的年青一代。

一家公司的人事部经理约了两个"Y世代"参加面试，两人都爽约没有一句解释。虽然说一竹篙不宜打一船人，但爽约以逃避解释的责任的确是"Y世代"特征之一。

我问朋友，这个女孩子工作时候的责任感方面如何？原来她出身小康之家，没有供养家庭的压力，也没有事业心，上班只是略尽责任而已。

正职是恋爱

她的"正职"是恋爱，为了治疗失恋，她会突然买张机票飞去外地散心。单位打电话寻找她，她不敢回复，回来后竟以"突然生病住院"作为失踪借口。

她未必是故意怠工，不过习惯成自然，让自我、放任、没有承担、不敢面对责任的作风从私生活蔓延至工作上。

如果说成功人士都有一些持之以恒的好习惯，那么失败者往往死于坏习惯。

有些人天生聪明，外形招人喜欢，事业甚至人生偏偏多出岔子，那不是命中注定，不是运气不好，而是自食苦果。

成也习惯，败也习惯，一切都是因果所致。

人生不设限

如果说成功人士都有一些持之以恒的好习惯，那么失败者往往死于坏习惯。

第三十九课　见面才能累积
"感情分"

　　新闻节目访问一些到了适婚年龄的男女，他们曾经参加流行一时的"速配"。

　　形式上有点儿像求职面试，女生或男生以逸待劳，轮流接见异性，每位"求职者"只有 3 分钟时间介绍自己。"雇主"暗中在表格上打分，事后主办单位把被选中者的联络方法交给他。

　　他们异口同声地说："仅仅3分钟不足以认识一个人。"他们改为参加一些小组兴趣班，例如红酒试饮会，至少有一个晚上的时间去聊天。

　　其实，"速配"的优点正是其缺点：以量取胜，3分钟见一个人，一小时可见20个人。然而，除非是盲目的一见钟情，否则，还未记住样子便轮到下一位。20个人变成求职表格上的一堆数据，一点儿也反映不出"求职者"的真实性格，更别说是内涵了。

见面三分情

忘掉"不见面情犹在"这种自欺欺人的神话吧。感情是需要时间培养的——不单是爱情，也泛指人与人之间的关系。我们毕竟是俗人，既花心又善忘，好久不见一个朋友，即使没有忘记他，感情必定生疏。

长辈早就教过我们一句话："见面三分情。"

电子邮件、手机短信、微博和Facebook等都是保持联络的好工具，但并不代表它们可以完全取代真人说话或彼此会面。唯有真人交流，有声音有形象，方能在彼此心中留下印象。一

回生，两回熟，多一些交谈，才会累积"感情分"。

电子祝福淡如水

人同此心，对于那些逢年过节的时候发来手机祝福短信，却永远不会约我出来聊天的人，我的感觉是无动于衷。似水流年，彼此的交情名存实亡。

销售人员不能整天坐在办公室里，而是需要定期拜访客户，保持熟悉的感觉，了解其需要，这就是所谓"联络感情"。

现代人很久不见，偶然在街上碰到，笑着说一声："有空聚聚。"然而，有多少人真正重视对方，真的相约聚首？

你也许会说："两情若是久长时，又岂在朝朝暮暮。"

这种神仙美眷的境界太高了，俗人不在乎天长地久，只在乎朝朝暮暮。

人生不设限

见面三分情，唯有真人交流，有声音有形象，方能在彼此心中留下印象。一回生，两回熟，多些交谈，才会累积"感情分"。

第四十课　事不关己勿太好奇

　　手头正忙个不停之际，电话突然响起，原来是自己以前房子的业主委员会打来的。

　　我第一个反应是："我不是该房屋业主了，可能是数据没有更新吧。"

　　对方姓甚名谁？他没说，我没问。找业主所为何事？心里有一点好奇，但没有八卦。对方说声不好意思便挂掉了，我得以继续工作。

　　一般来说，跟业主委员会、物业管理处老死不相往来即一切平安。有事来登三宝殿，多是找麻烦——难道地上发现黄金，特地打电话叫我去捡吗？

　　即使是好事，例如让大公司高价收购整幢大厦，我不在其中，根本无从得益。吃不到的葡萄是酸也好甜也好，既然无福消受，干脆不要知道葡萄存在过。

压抑好奇心

耳根清净是一种福气，关键是要压抑住好奇心，避免自找麻烦。

例如朋友甲和乙不和，你根本没有必要去打听他们之间发生了什么事情。置身事外，犹可跟他们分别保持关系。否则，很容易夹在中间左右为难。

不是说不要关心朋友，但私人恩怨有理说不清，旁人难以评理，和事老更是不好做。

"各人自扫门前雪"这句话表面上是贬义，其实有一定智慧。自己的时间尚不够用，怎么可能有空理会别人的家事？一心伸出友谊之手，对方反而质疑你没资格干涉其私事。

把好奇心用在别处

如果你不是唯恐天下不乱的长舌妇（男），还是扮演一个没有好奇心的路人甲吧——闭嘴不批评、不在背后谈论别人，即使你主观地以为这只是在"表达意见"。凡是涉及人的评价即为是非，停止是非传播的最佳办法是闭嘴。

人不可能完全抹杀好奇心，但可以把好奇心用在追求学问上。好奇知识、世界与人性，总比好奇人际是非更为有益和富于建设性。

人生不设限

凡是涉及人的评价即为是非，停止是非传播的最佳办法是闭嘴，闭嘴不批评、不在背后谈论别人。

第四十一课　约会不是儿戏

一位平面设计师要参加渣打马拉松，他约我早上8点见面聊公事——他报名的赛程是凌晨5点开跑，大概早上8点结束。我家在维多利亚公园附近，赛后刚好可以与我见面。他知道我腿受伤了，虽然要拄拐杖，但是在家见人还是可以的。

对我来说，如果10点的时候见面是最合适的。没关系，为免他比赛后干等我，我就少睡一点儿，早起一点儿吧。

到了8点，他发来短信，说要等着同另一位跑友一起吃早餐，要9点才能到。除了回复OK两个字，我可以干什么？难道骂他不守信用吗？到了9点，他又发来短信，说要9点半才能到……

为别人设想

这年头，迟到还能知会一声，已经叫做很"尽责"了。问题是，他完全没有意识到，这可能给别人带来不便。

你说："在跑道上碰到老朋友，即兴吃个早餐，也不过分吧。反正我已经通知你要推迟见面。"

这是可以的。问题是，时间一改再改，说明你没有为我设想一下。我是一个有腿伤的人，为了这个见面，我特地挺起精神来赴约。为免客人按钟久等，我特意调了闹钟早早起床。准时到场是约会的必然要求，这些背后的准备工夫我从没打算告诉你。

8点第一次改时间，你说9点，那么一个小时时间应该够你吃早餐了吧。明知早餐后跟我有约，为什么不抓紧时间而要迟到呢？如果你估计赛后需要吃早餐，何不一早就跟我约在9点？你可曾想过，当你和朋友享受周日早餐的时候，我为你而腾出的一个半小时在干什么呢？

即兴的坏习惯

说到底，约会时间、地点都玩即兴加随便改动是很多新一代的习惯。他们认为，除非是坐飞机、举行婚礼，迟到会造成严重后果，其他约会何必认真。

习惯成自然，即使参加工作面试，一样可以视迟到为平常。他们不是不知道，迟到会给人留下坏印象，但一来不能自律，二来不曾意识到，坏印象的破坏力会有多强。

幸运的是，这样的事情我已见怪不怪，提醒自己不要抓狂。失去的睡眠时间追不回来，只有善用时间上网、看报、看书、吃早餐、喂猫和为受伤的腿做冷敷。

门铃终于响了，我笑着开门——好心不得好报，今时今日，如果对方不是我的兄弟或儿子，我才不会啰嗦。

人生不设限

迟到会给人留下坏印象，也会养成坏习惯，产生连锁反应，让人自食苦果。

第四十二课　出言不逊赶走客人

这一天下午，当我正在专心写稿的时候，手机响起，来电号码不明。我怕是长途电话，接了，对方是一个大嗓门的女人："请问是否XX公司？"

"有什么事情可以帮你？"我没有直接回答她的问题。你在明，我在暗。如你不肯大方表明身份，天知道这是否电话诈骗呢？

"你是否XX公司的负责人黄先生？"她咄咄逼人，令我血压急升。

"我是，你这么大声，究竟是什么事？"我也忍不住爆发。

"我是恒生银行信贷部的，我们有一个贷款计划……"她继续说。

"我不需要借钱。"我不想听下去。

"那么，下次有优惠再找你。"她以机械人口吻念台词。

"不，你以后都不要打给我。"我还未说完，她便中途挂掉电话，非要我吃一记闷棍。

赶走客人的恶女人

无缘无故被尔打扰、无礼对待，我何其无辜啊。电话推销的成功率偏低，跟语气与遣词用句大有关系。纵容这种讨债似的推销员四处作恶，公司只会赶走客人加自毁形象。

恒生银行的企业形象一向亲切友善，去到分行，职员都很有"家教"的，怎么会有这样一个恶女人呢？

也许，恒生把电话推销外包了，但是包者素质如何，不在其掌握之内。

便宜莫贪

推销电话没日没夜，令市民们不胜其烦。这也是我转用iPhone的原因之一，下载了Junk Call和HK Caller两个免费Apps后，大部分推销来电就无处遁形了。

最难搞的倒是银行、保险公司、电话公司、房产中介等从"正规渠道"取得你的姓名和电话者。他们把你的数据交给推销部门，一开口就知道你贵姓，令人防不胜防。

提醒各位市民："不明来电，来者不善。便宜莫贪，万无一失。"

人生不设限

电话推销的成功率偏低，跟语气与遣词用句大有关系。纵容讨债似的推销员四处作恶，公司只会赶走客人加自毁形象。

第四十三课　当殷勤过了头

　　朋友说有家新开业的日本餐厅，特地带我去尝尝，顺便商量公事。

　　我们说不到几句话，经理前来打招呼、递名片。向客人表现热情是新店开张的指定动作，我们不以为意，欣然接受。

　　10分钟后，轮到老板驾到，他再次打断了我们的话题。老板给我们面子，礼尚往来，当客人的也要赏脸。

　　朋友要了日本啤酒，我对啤酒没有特别嗜好，便叫女服务员给我弄一杯不含酒精的饮料。饮料送上来，味道不好喝，心里后悔没有要啤酒。

不懂看人脸色

　　女服务员没过一会儿又来了，问我那杯东西是否好喝。人家笑意盈盈，我怎么好意思泼人冷水，于是就点头说："好啊！"

　　当我们想继续话题的时候，另一个女服务员又来了，问我们这个、那个是否好吃。坐下不到一个小时，一顿晚饭被打扰

4次，大家仿佛身份对调，我变成应酬客人的服务员。

天啊！你的态度很殷勤，但你可知道，我们想静静地聊个天？你很有礼貌，食物也有水平，如果我发脾气是不识大体。我唯一可做的是把东西塞进嘴巴，借此逃避应酬，任由朋友跟服务员没完没了。我在心里默默扣分，日后不会再来惠顾。

人与人之间保持适当距离

表面上，这家餐厅从老板到伙计都热情好客，实则打扰客人的雅兴而不自知——满腔热情不是错，棋差一着是不懂看人脸色。

人与人之间需要保持适当距离。当殷勤过了头，就会变成压力，让对方透不过气，好心做了坏事。很多女人对男朋友献尽殷勤，出发点是关心，对方却觉得是管束，最后不欢而散。

儿女嫌父母啰嗦，丈夫嫌妻子麻烦，即使有不知珍惜之嫌，当事人可要反省一下，是否爱人不得其法。

人生不设限

人与人之间需要保持适当距离。当殷勤过了头，就会变成压力，让对方透不过气，好心做了坏事。

第四十四课　赢取欢心靠细心

一天早晨，我从7点开始写稿，打算写到8点，然后把电子邮件发出去，最迟8点半出门，赶10点飞往上海的航班。那么，即使航班延误，也不至于错过傍晚6点的截稿期限。

写作过程需要再三修改，写到半路急刹车也很扫兴，只差一点便可交稿，当然是交妥了才安心，结果我拖到8点44分才出门。

赶到中环车站的时候，列车刚刚开出，下一班要等10分钟。连跑带跳，9点25分跑到登机柜台时已经迟到了。

口渴时见一瓶水

等到10点25分才拿到下一班机的候补机位，又得在10分钟内赶到登机闸口——候补机位者需要等到所有持机票乘客都完成登机手续，才知道是否有空位。

临近圣诞，海关和移民局那里都要排长龙，闸口是远方的46号。一边跑，一边喘气，一边吃下西北风。登机后一身是汗，喉咙有点痛。还有乘客登进机舱，每一位空姐都在忙，不好意思向她们要水喝。

就在这个绝望的时刻，我发现前方的储物袋里，竟然有一小瓶矿泉水。口渴的我，刹那间感谢加感动。我马上向空姐要了一张顾客意见书，写几句话赞美一下，完成后交给空姐。

每个任务用心对待

这家航空公司是港龙，香港至上海航线的票价比东方航空贵300元。往日我多搭乘后者，但航班多次无故取消、二合一或延迟。这次用免费积分换港龙机票，一试之下便动心。

赢取顾客欢心，不易也不难，就看当事人是否细心体贴且言行一致——很多企业的宣传口号都说"服务第一"、"顾客至上"，但顾客很快就发觉名不副实。

同样，人在职场，想赢取上司欢心却不屑以旁门左道升迁，请用最古老也最踏实的方法：不管上级交代的任务是大是小，每个任务都用心对待，日积月累，周围人一样看得见你的实力。

人生不设限

　　最古老也最踏实的职场升迁方法是，不管上级交代的任务是大是小，每个任务都用心对待，日积月累，周围人一样看得见你的实力。

第五章

职场守则——
成功人士的打工之道

第四十五课　升迁之道在于用心

网友珍珍身居管理层，做了别人上级好几年，从来没见过下属做出以下行为：

1. 主动问上级，自己工作表现如何，有哪些需要改善之处。

2. 下班前，问上级是否需要工作上的帮助才离开。

3. 看看其他同事是否需要帮忙。

4. 主动留意自己参与项目的市场进展，收集相关信息或新闻交给上级参考。

5. 不用上级催促而主动汇报工作进度，万一在工作限期过后未交差，马上向上级解释原因及提出工作完成时间。

6. 除了上级的指示以外，也懂得自行寻找一些新想法，为工作加入更丰富的元素。

7. 做错一件事后，认真对上级说："对不起，我以后不会再犯这个错误了。"

8. 上级帮了他们一个忙后，对他说声"多谢"。

9. 比上级更紧张手上的项目，处处表现出热诚。

10. 对上级说："我对这样的工作很有兴趣，想多学习一些。如果下次有这种项目，请让我参加！"

11. 向上级请教工作心得。

12. 主动阅读数据，与上级讨论其他案例的处理方法。

13. 主动与上级讨论自己的前途和长远发展。

14. 向上级说声早安、约他吃午饭、请他喝杯咖啡，增加彼此了解。

别让坏情绪淹没理智

心同此理，当我为人家的上级时，也是慨叹没遇到用心工作、重视前途的年轻人。

初出茅庐者，普遍觉得上班只是为了维持生活，收到八两粮，只出半斤力。他们自视为"草根阶层"，视上级为大老板的爪牙、负责鞭挞他们的恶吏。他们让坏情绪淹没理智，无故敌视上级和客户。于是，上班变成受罪，没有用心用脑工作，结果错误尽出，超越限期交不出功课，可又要掩饰过失，逃避责任。

扪心自问，在为人下属的年代，上述14项，我至少做到10项。我这一辈的普遍心态是觉得上班是改进自己的机会，难得上级愿意指点出自己的不足，绝不会反驳。做错一点点事情就严重自责，同时也勇于在第一时间向上级汇报，以求尽快善后。如果你是一个用心投入工作的人，这些都是"自动自发"的，不需要上级特别"教导"啊。

两种态度的分别，在于投入程度。为什么不投入？可能是入错行，讨厌目前的工作；可能是性格懒散、缺乏上进心；可能是朋辈影响，大家聚在一起就是说上级和老板的坏话；可能是思想幼稚，根本不明白工作表现直接影响自己的前途。

如果根本不喜欢那份工作，难怪度日如年。伺机换一份真正喜欢的，薪金较少没关系，因为你会投入工作，前途会较光明。

帮上级解决烦恼

因此说，想要给上级留下好印象，想要升职，其实也不是想象中那么困难——很多上级希望见到的不是下属的奉承，而是看见他们有上述表现。上级心里会想："这个年轻人值得栽培啊，我要多留意他，多分派工作给他，让他加速成长。"

能够协助上级解决问题而不是制造更多问题的人，就是上级的好帮手。人性是怕麻烦的，你帮上级解决问题，他的烦恼少一桩，怎么会不倚重你？

金庸先生小说《鹿鼎记》里，韦小宝步步高升，不纯粹依靠跟康熙的私人交情或一张油嘴，而是因为皇帝指派他办事，不论多艰巨，每次也都能完成任务，成为康熙最倚赖的左右手。

人生不设限

人性是怕麻烦的，能够协助上级解决问题而不是制造更多问题的人，就是上级的好帮手。

第四十六课 上班族要有礼宾司精神

　　曾经为杂志访问一位酒店礼宾司(concierge)。她的任务是实现住客的任何要求——哪怕是不可能完成的任务，礼宾司也要尽力而为，不可说不。

　　她说，难忘一役是住客把邮件寄出了，事后却要求把邮件截住。她与同事跟时间竞赛，跑到政府的中央邮件分发中心大海捞针，最后总算完成任务。

　　最近，我也客串担当礼宾司——有人叫我去找潮州豆腐、上海云吞皮、上海荠菜，提示地点是北角。

　　天啊，我不是精于做饭的厨房男，除了云吞皮，未见过其他两种材料的"真身"。北角那么大，往哪里去找?

愿意接受挑战

　　面对难题，我没有十足把握，但我倔强，愿意接受挑战，尝试前不肯轻易投降。坐言起行，我坐公交车到北角菜市场附近下车，见到一间手工面条店，心想，也许那儿有上海云吞皮，果然一击即中。

走过几间店铺，没有卖豆腐的，最后见到一家好像是卖潮州豆腐的。店主说，一种是硬一点的，叫潮州豆腐，另一种较软的叫普宁豆腐。记起指示要软的，决定买后者。

上海荠菜是什么样子的？天晓得。一边走，一边留意街道两旁的店铺，把目标锁定为传统杂货店。问了数家都大失所

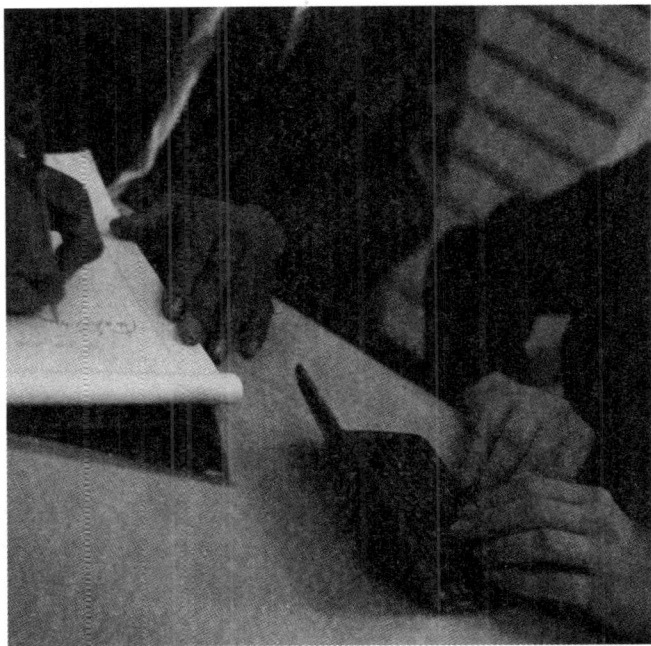

望，终于见到一家店的招牌上有"上海"两个小字。展台上没见到，一问之下，店员从冰箱拿了两包出来，原来那是看来像雪菜的速冻品。

建立万能侠形象

除了烧菜三宝，还有数之不尽的事情，总之对方一开口，我就立刻去办，即使预知有困难，也不敢、不会说不可能——只因他是我最爱的爸爸，我才有动力和狠劲去动脑筋、想点子，不惜一切竭尽所能，排除万难完成任务。

同样，上班族面对上级或老板交代下来的任务，如果抱有这种礼宾司精神，日久可望建立"我办事，你放心"的万能侠形象，成为对方倚赖的左右手，前途不言而喻。

人生不设限

面对上级或老板交代下来的任务，如果抱有礼宾司精神，日久可望建立"我办事，你放心"的万能侠形象，成为对方倚赖的左右手。

第四十七课　甲等与乙等之别

　　每年逛香港书展，除了是为了购书，也是为了亲身观摩各家出版社如何设计展位、陈列图书和安排促销活动。

　　一家新晋出版社的展位不仅布置抢眼，更是在角落里放了两张椅子，方便作者到场跟读者见面，同时播出各种介绍资料性质的音像，以吸引游人走近。

　　我跟市场经理打个招呼，衷心地赞赏她的努力："你们的做法比别的家更好，平日我也经常收到你的新书介绍电子邮件，一本都不遗漏，你很勤力啊！"

做好基本功

　　她浅笑一下，道："这些只是基本功而已，我是有一些奇怪别人为什么不做。"

　　她说得再对不过了。寄样书和发电子邮件给媒体、把展位布置得抢眼、在展位把图书好好陈列以方便浏览、录一段音像资料介绍新书、平日派人跟书店推荐新书……这些都不是什么石破天惊的点子，只要有点common sense（常识），稍微愿意体贴读者的需要就能够想得到。

当然，这总要花点时间和心力，可能要晚些才能下班。其他人不做，一是懒，二是认为没有必要——说穿了也是懒，缺乏上进心。

半斤八两欠上进

很多上班族是抱着"半斤八两"心态做人的：收"八两"薪水，只付出"半斤"力，那便货银两讫，各不相欠。上级和老板没有开口的事，决不多做，免得赔本。自己的分内事，则可以"弹性"处理——少做一点、做得慢一点，总有"理由"。

他们没有想过，全力以赴是为了自己的事业前途，也是享受全情投入的满足感。**若不敬业，不可能乐业。敬业又乐业，成绩不会差到哪里去，他日的收获也是自己的。**

甲等与乙等人才的分别，在于前者懂得自我要求，自动自觉，力臻完美，后者要有上级的要求、监管才会推一下，走一步。

人生不设限

　　全力以赴是为了自己的事业前途，也是享受全情投入的满足感。若不敬业，不可能乐业。敬业又乐业，成绩不会差到哪里去。

第四十八课　在办公室骂人是 "大规模杀伤性武器"

　　工作时，好些男人理屈词穷便使出一招狮吼，企图以大嗓门慑服同事或客户——男人大声喝令别人，本质上跟公主病上身、动不动在办公室掉眼泪或发脾气的女人并无分别，一样是破口而出，不够成熟的表现。

　　家人没有隔夜仇，吵架后不会怀恨在心。情侣或夫妻之间偶尔吵架，不失为一种沟通方式，至少把心中不满吐出来，不致积压为深层的积怨。**但是，同事之间的吵架，却是有后遗症的。**

人是情绪动物

　　大家非亲非故，平起平坐甚至暗地里较劲，包容和体恤的比例很少。人是情绪的动物，即使你是多么理直气壮，被骂的一方依然不好受。能够自我开解、不记仇是他的个人情操很高尚，但这种"圣人"几乎是恐龙。

一句破口而出的攻击性语言，一定当场就会令对方不快；即使对方没有反击，心里也会长出一根刺。如果说惹来日后被复仇好像太夸张，但是至少伤了表面和气，令同事关系打了折扣。

你说："同事不是朋友，我才不管他高兴与否。"

是的，同事不是你的家人、朋友或爱人，你大可漠视对方的感受。甚至，碍于你的权位，对方不会当场反驳，但这不代表对方完全是心服口服。沉默不是懦弱，忍耐不是麻木，表面

上处处忍让的人，一样有情绪的。此时不发作，日后可能引爆更大的炸弹。

忍一时之气

有趣的是，时下流行写电子邮件、MSN，吵架的模式也数字化，演变为电子邮件或MSN里的文字攻击。

遇到别人以文字（如电子邮件）指谪，即使感觉受了委屈，也最好忍住一时之气，不要用文字反驳。浪费时间，此其一。白纸黑字留下证据甚至让对方转发他人，此其二。最重要的是写者无心读者有意，写的词不达意，读的怒火攻心，事情只会没完没了。

在职场骂人是一种"大规模杀伤性武器"，非到最后关头不要随便使用。给人一个恶男或恶女的形象，不过是亲手破坏自己的人缘而已。

人生不设限

遇到别人以文字（如电子邮件）指谪，即使感觉受了委屈，也不要用文字反驳。写的词不达意，读的怒火攻心，事情只会没完没了，白纸黑字更会留下证据甚至让对方转发他人。

第四十九课　何必在职场找朋友

香港无线的电视剧喜欢拍摄消防员的故事，火场之内，每天跟危险与死亡擦身而过，这些考验反过来造就他们的勇气、义气和爱心，正负两种力量不断角力，就是冲突和张力所在。

记得电视剧《烈火雄心》第三部大结局，王喜不惜牺牲生命勇救郑嘉颖，郑见到王昏迷时也喊得力竭声嘶，替他做人工呼吸。他们康复后，两个男人一同带女朋友约会，两对情侣友爱非常。

可惜，观众却感受不到两名男主角的真挚友谊，老是觉得他们从始至终都是在演戏。

社会新人过于理想化

虽然说娱乐新闻不必太认真，但这种花边新闻或多或少让观众先入为主。话说此剧从拍摄到播映，屡屡传出两名男主角貌合神离。当记者问及二人是否不和，郑嘉颖说："大家是同事，没有不和，但不是每个同事都可以做成朋友。"

这句话虽然欠缺热情，倒是坦率又真实。

初出茅庐的社会新人往往过于理想化，期望跟同事结交为好朋友："一天上班8~10个小时，跟同事相处的时间比家人更多啊。"

社会新人一旦感到同事对自己不友善便觉得失去一个"朋友"，对此甚为不解和无奈。

职场无真爱

直到人生阅历丰富了，我们才明白，同事不一定等同于朋友，愈是以为深交的人，愈有机会成为伤害你的人。

这里，笔者并不是说，人是一面倒的性本恶，只是说，一旦彼此涉及利害关系，"友谊"难免打了折扣。表面上，人人各自做自己的事，但人是主观的，对其他同事的言行都有不同的解读。这些误解，就是导致彼此是敌是友的关键之一。

职场无真爱，何况是明争暗斗没日没夜的电视台，我们有理由相信郑嘉颖和王喜只是同事而不是朋友。

我们不求跟同事相亲相爱，只求每天顺利合作8小时就应该知足。

人生不设限

职场无真爱，我们不求跟同事相亲相爱，只求每天顺利合作8小时就应该知足。

第五十课　求职信必须用心写

　　收到一封语调轻浮的英文电子邮件："How are you? Long time no contact..."（你好吗？很久没有联系了……）对方表示身处加拿大，刚被公司裁员，向我打听工作机会。

　　我不介意很久不联系的"朋友"写电子邮件"求职"，但当事人明显没有用心写好"求职信"，那别人何必关心对方的事业和前途？

打错友情牌

　　话说16年前留学加拿大的时候，我曾经在华人电台做过兼职，对方是报社记者，只有一千零一面之缘。失去联系16年，我连他相貌都记不起来了。好一句"Long time no contact"，正好提醒我，几年前在香港某报纸上见过他的名字——他即使回来也不曾联系过我，根本无心交我这个朋友。既然是毫无交情，那么这"友情牌"看来是打错了。

　　无事不登三宝殿不是不可，但不能忽略语气、措辞。他继续写道："你可有客户或知道有人找翻译吗？我有15年以上文字经验，可以传履历表及样稿给他们。今时今日电子邮件当道，工作可以遥控，我仍然有个香港银行账号可以收款。"

言者无心听者有意，口吻带点傲慢呢。为什么不肯同时附上履历表及样稿，给中间人一个方便？我对其工作能力毫无认知，怎么能轻易把他推荐给别人？难道他是身怀绝技的世外高人，出色到客户非得三顾茅庐不可？

人情世故见真诚

一般来说，英文适合用于公函，表达婉转的感情还是中文占优。亏他自夸精通两种文字，但此信以英文一挥而就，明显看出粗疏、懒惰和不重视礼节。这封信应该是渔翁撒网写给所有"认识的人"的样板信，他大概视每个对象为"人肉Google"，按几下键盘就会回复给他客户名单。

人情世故并非想象中复杂，关键是你要愿意付出真诚，为对方设想一下。一个人在社会打拼多年犹不懂人情世故，只能责怪自己。

我随手按下"删除键"，转眼便忘记他。

人生不设限

　　人情世故并非想象中复杂，关键是你要愿意付出真诚，为对方设想一下。

第五十一课　切忌功高盖主

数年前，前电讯盈科高管张永霖与城市电讯创办人王维基在亚洲电视担任要职，矢志进行改革，令亚视起死回生。

岂料，他们"结婚"12天后闪电"离婚"。王先离职，张的座位也坐不长久。最关键的是王是激进改革者，张是打工皇帝，二人根本门不当户不对。

忌功高盖主

张曾为国泰航空与电讯盈科高管，是打工皇帝。不论职位有多高，打工者也要记住自己身份，忌功高盖主，忌高调出位。打工者必须善于观察老板脸色，谨言慎行，以大局为重。当年香港电讯被李泽楷收购，即使跟新老板如何不合拍，张仍克制自己言行，最多是自嘲为"青楼名妓"。

王维基上任12天以来，仍未见张做出大动作，却尽犯打工禁忌：高调亮相、言行出位、兴风作浪。论职级，张是执行主席，是王的上级，但王是个难以驾驭的下属。

王是城市电讯创办人兼主席，习惯以小打大，英勇善战。老板级的人一般来说主观、大嗓门、有自信、无畏困难、决断、勤奋和有远见、经营一摊生意，这些都是优点。**当做惯老板的人跑去打工，这些优点却容易变成妨碍他融入公司文化的绊脚石。**

顾老板感受

城市电讯是有盈利的公司，亚视则连年亏损，要王像普通打工者一样，抱谦卑之心去适应新公司文化，根本是不可能的。发表高见时，他根本忘记了亚视大股东查氏家族，而没有理会他们的感受。

最初王是由张引荐给亚视股东查氏家族的，当股东的看法改变了，张一定明白老板的心意，不会因为"一夜夫妻"而刀下留人。

虽说王要为自己黯然下台负最大责任，但张也不是全对。男人没有三思就跟一个女人结婚又离婚而收场，怎么说也应该负上部分责任。

人生不设限

不论职位有多高，打工者也要记住自己身份，忌功高盖主，忌高调出位。打工仔必须善于观察老板脸色，谨言慎行，以大局为重。

第五十二课　回原公司串门子
是多此一举

　　梦中，见自己踏足旧公司，很多老同事走了，新同事都不认识。

　　老上级手拿档案，忙于跟下属交代工作，只能跟我点点头，无暇招呼我。

　　我在招待处的沙发坐了一会儿，翻翻公司年报，没什么意思，只好打道回府……

　　这是一个带有启迪性的好梦：离职后，人走了就不要回头，心中的不舍或感谢大可以化作默默的祝福，本人却不宜大摇大摆回去串门子。

没空接待你

　　串门子的意思就是登门造访，但是没有特别目的，随便找人闲聊。

你是百无聊赖去串门子，人家却是朝九晚五冲锋陷阵，没空接待你是事实。除了一句照例的"近况如何"外，你期待人家跟你说什么呢？

对人家来说，你已成为一个"外人"，他们未必方便告诉你"近况"——公司进行中的工作或未来计划。这不是人家小气或故作机密，而是一切与你无关，根本无从说起。

相对来说，你一就是照例地说声"好忙啊"来证明自己离职后发展得更好，二就是忍不住长篇大论，介绍自己的新工作、新感情和新家庭。除非你有特别的事情要宣布，例如请大家吃下午茶，送小礼物、喜帖等，否则，人家未必对你的"近况"感兴趣。

伙伴式相知

同事间的友谊毕竟受制于地利。一同工作一同吃喝，是一种伙伴式的相知。分开后再无任何牵连，印象自然开始模糊。你的新感情、新动向放在Facebook无妨，别人是否有兴趣知道是另一回事。

想跟个别投缘的同事联络感情，约到外面餐聚或唱卡拉

OK好了——办公室是让一群人聚在一起做事而不是交际。

你的突然出现，不会造成轰动，只会造成干扰。除非你已跻身大红人、名人，才有汇聚人气的磁力。

人生不设限

离职后，人走了就不要回头，心中的不舍或感谢大可以化作默默的祝福，本人却不宜大摇大摆回去串门子。你的突然出现，不会造成轰动，只会造成干扰。

第五十三课　好员工和好上级
物以类聚

曾经在报纸专栏发表一篇文章《上位之道在乎用心》，写出管理人对初出茅庐者工作态度轻率的心痛感。一位年轻网友反驳我，说我太幸运，老是遇到好上级。

说来也是，早一夜才梦见自己手拿笔记本，在老上级的办公室记录她的指示，一件、两件、三件……能者多劳，梦中的我享受久违的受器重的感觉。

现实里的我，早前打电话给12年前共事的老上级，相约稍后吃下午茶。1998年，广告公司裁员，但我没事。每次上班，都跟上级合得来。为什么我老是"走好运"？

好运来自正面心态

我想，"走好运"首先源自年轻的我个性比较"传统"，心态比较"正面"，没有莫名其妙的"反叛"，不会先入为主看上级不顺眼，不会因为很小的事情自以为受到"委屈"，从而得以专心工作。我要求自己尽职尽责，出岔子的机会少了，得到上级认同的几率也就高了。

离职是为了更美好的将来，即使在原公司发展得不理想，我也没有怨气，反而对老上级们心存感谢。没有他们每个人的栽培，初出茅庐的我还不是一个普通大学毕业生，怎么会蜕变成今日的我？广告公司的外籍上级虽然失去联络，心底仍然铭记他让我在创作方面开窍。初任管理人虽然吃力不讨好，我仍然感激上级教我不少，让我进一步了解个人的专长与不足。

先要求自己

网友认为世上有太多不堪的上级，才令年青一代没能当个好下属。不管世上是先有鸡还是先有蛋，我永远是先要求自己。上级没有重视你，你就不会自我增值吗？如果表现优秀，上级仍不领情，你大可弃暗投明——每个雇主都会参考应聘者过去的工作表现，如果你面对恶魔上级仍然"卧薪尝胆"，交出工作表现，自有资格另觅新主。相反，**因为看上级不顺眼而"随行就市"，工作成绩差劲，出路变窄，吃亏的还是自己。**

宏观去看，好员工和好上级物以类聚，工作态度接近的人合作比较愉快，否则，任何一方迟早另谋高就，此消彼长，造成职场上的生态平衡。

我很"幸运"，但**幸运不是从天而降，而是有根有据。**

人生不设限

如果你面对恶魔上级仍然"卧薪尝胆"，交出工作表现，自有资格期望另觅新主。

第五十四课　做好本分，自然流露

不知不觉，我也活到"前辈"的年龄——在出版业16年的笔者，开始遇到一些比我年轻、在业内浸淫日子比我短的编辑或设计师。

不是想倚老卖老，而是我开始体会前辈的心声。在这个劣币驱逐良币的年代，马虎苟且者为数不少——当然，这是按我的要求而言。于对方而言，错漏百出、不尊重工作底线、犯错找一堆借口……都是何必太紧张的小事情。

非必要不动气

从前我会暴跳如雷，如今明白树大有枯枝，如非必要不动气，更不会指正别人。心里倒是有个天平，知道哪些人的工作态度跟我合拍，哪些不是。对于后者，如非必要，日后自是不会找他们合作。

久旱逢甘露，偶尔碰到一些工作态度认真的后辈，兴奋有如在街上捡到钞票："这个年轻人年纪很小，工作态度一丝不苟，难得啊！"

太开心了，一有机会跟业内朋友通电话，也忍不住在人家面前赞赏一下这个年轻人。口耳相传，一个人的口碑和信誉就这样慢慢建立起来了。

其实，对方所做的，不过是发现文稿有些语句不通，特意来电商议；不过是应对时不亢不卑，保持客气和礼貌。

做足100分

很多打工者不屑于争取上级的好感，以为那等同于刻意逢迎、挤眉弄眼的小人伎俩。以工作表现争取上级的瞩目，倒是名正言顺。即使没有升职加薪的野心，一声赞赏没有人会嫌弃的。**上级日理万机，与其等他主动发掘你的长处和潜能，不如适当地展现出来。**

旁门左道不值得效仿，最正道也是最简单的做法是"做好本分，自然流露"。所谓本分，并非60分合格就行，而是拼尽全力，做足100分。

年龄、经验都不是自我设限的借口，至于如何鼓励自己，不偷懒，在于每个人的自我要求而已。

人生不设限

　　以工作表现争取上级的瞩目，名正言顺。最简单的做法是"做好本分，自然流露"。所谓本分，并非60分合格就行，而是拼尽全力，做足100分。

第五十五课　管理人不要介意做"反派"

看过一部电视剧，男主角对弟弟说："做老板的人要接受被伙计说闲话，那是后者用来平衡心理的机制，好支持他们继续打工。"

很多打工者一朝升为中层经理，实时面对同事们"变脸的疑惑"：往日大家不分你我，说说笑笑，何以一夕之间就生了隔膜？刚升职的管理人往往担心"失去友谊"而步步为营，诸多顾忌。明知要照顾公司利益，却不敢行使权力，指正昔日兄弟的错误，结果让自己左右为难。

感情是一条双程路

没错，你可以将心比心，照顾昔日兄弟的感受，暗盼友谊永固，但感情是一条双程路，你不要想当然认为下属一定领情。

每个人的性格和每家公司的文化都不同。公司养了一班精兵，大家可望众志成城。公司养了一班懒人或制造事端的人，不论你如何苦口婆心还是和蔼可亲，大家还是不把你放在眼里。

勤奋点儿没错的，建议你可以多看如何处理办公室人际关系、如何管理下属一类的参考书。作了最好的准备，也要作最坏的打算：今后，你的角色由忠变奸，怎么扮都不似"好人"。作为管理层，有些决定是必须执行的——有时候，你不得不当上"反派"。

老鼠与猫不能平起平坐

打工时代，曾经找一位独立编辑帮忙，谁知她的能力根本不合格。我评估形势，知道拖下去只会让事情难以收拾，当机立断另找人手代替。我扮演"坏人"，直接告诉她我们不需要她的服务。这种场面不易处理，受伤者难免恼羞成怒，但我无法坐视公司的损失不理，否则就是失职。

管人和被管者像老鼠与猫，不可能平起平坐。工作时彼此相见甚欢，是花红；私下成为交心好友，是花红中的花红。职场少真爱，花红不是必然的，不抱太大期望才能专心工作。

人生不设限

晋升为管理层后，你的角色由忠变奸，怎么扮都不似"好人"。有些决定是必须执行的，你甚至不得不当上"反派"。

第五十六课 前辈是专业不是挑剔

很多人口里大嚷："前辈，我很希望有机会向你学习。"等到真有这个机会了，却抗议对方吹毛求疵或者针对自己。

如何判断是专业认真还是吹毛求疵？请看看这个小故事。

一位曾经参与《雷霆第一关》的幕后人员在博客上忆述趣事，话说一天要拍一场汪明荃在教堂祷告的戏。打灯等就位时，他发觉阿姐汪明荃不见了，她究竟去哪里了呢？

原来阿姐看见长长的桌子排列得不够整齐，担心在画面构图上不够完美，于是亲自搬动。当她见到一些事先点亮的蜡烛开始熔化，滴在台上非常碍眼，于是默默地亲手把蜡烛刮掉。

身体力行做榜样

这位幕后人员写道："我以前常听有人说汪明荃经常发表意见，看不过眼就出声，当然全都是为大局着想。不过，这次我是亲眼见她并没有出声，而是身体力行自行搞好。其实只要她一句话说哪里不妥，大家就会马上处理。相信她是不想麻烦正在忙着别的事情的同事，宁愿自己亲自动手。这次，阿姐汪明荃给我一个全新的感觉，高高在上之外，更是亲力亲为。为了效果完美，即使小得像搬一件道具的事情，她也可以不顾身份，说做就做，非常专业。"

前辈不是玩针对

年轻人跟有经验的前辈合作，很容易让前辈看到错漏之处。当前辈提出意见，年轻人容易自尊心受伤，觉得对方是在挑剔自己。

其实，**前辈也是有苦自己知。凭经验一眼看到问题所在，提出意见会让年轻人误会玩针对；默不作声得过且过，却感觉自己过意不去。**

人与人之间合作，尤其是经验不同者，意见和分歧是难免的。年轻人要明白，前辈不是针对自己，但他们认真专业，一眼就懂得分辨好坏。同时，前辈也要体谅，年轻人不是故意马虎或偷懒，但经验是需要长时间才能浸淫出来的。

担任电台嘉宾主持的日子，我也有幸见识到前辈夏妙然小姐的认真和专业：录完节目预告后，她觉得我咬字可以改进一点，请我重录，一心学好的我自然是欣然从命。

人生不设限

前辈提出意见，非因存心找麻烦或挑剔后辈，只因他们一眼就能分清好坏。只要不计较、够努力，跟专业认真的前辈合作，可以近朱者赤，更快进步。

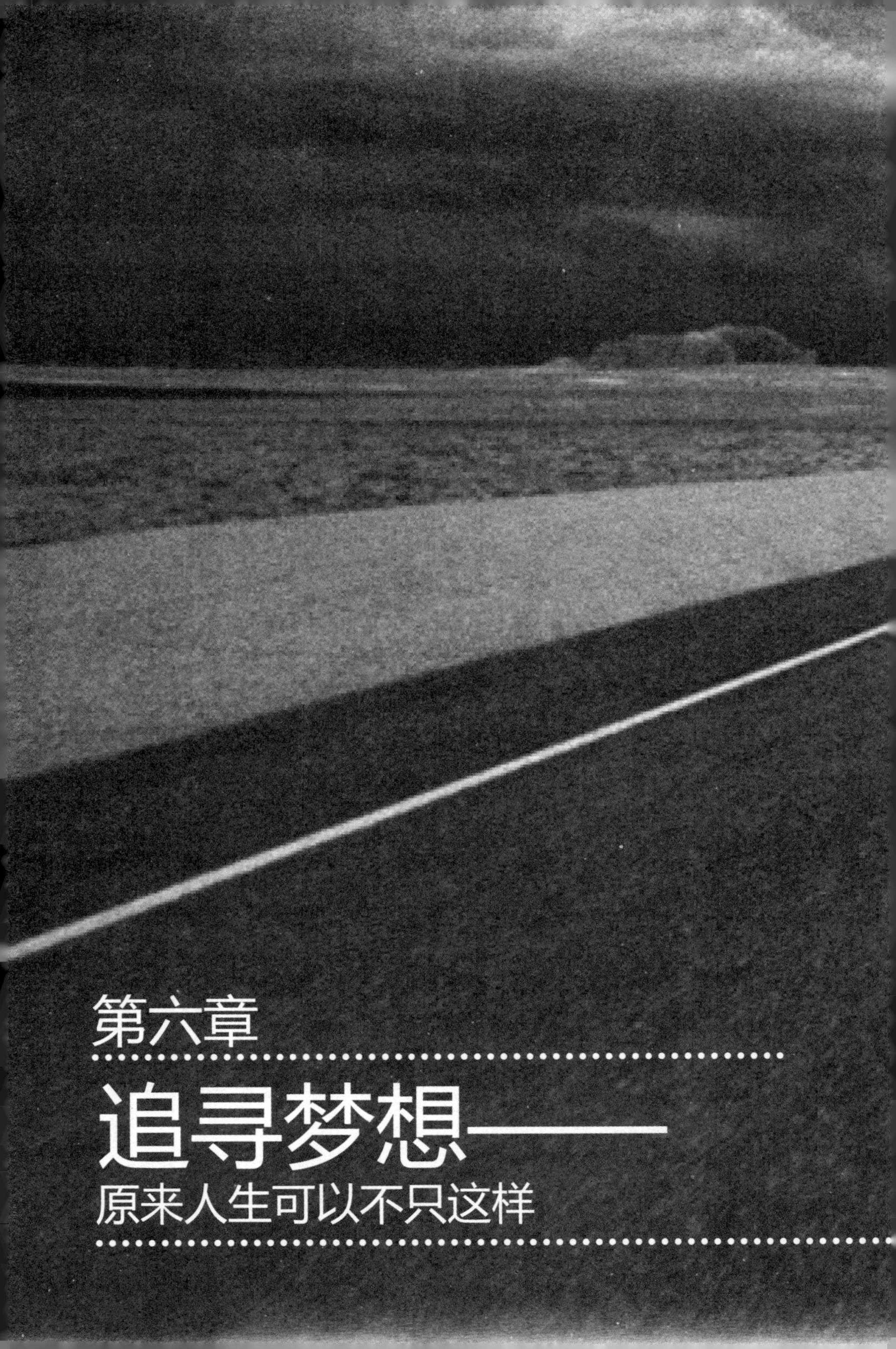

第六章

追寻梦想——原来人生可以不只这样

第五十七课　人生乐趣在尝试

2009年寒冬，笔者暂居上海照顾患重病的父亲，每日行程是出入酒店和医院。如此天气，如此心情，自然是没有闲情逸致四处游览，禁不住感到有些苦闷。

忽然想起来，到这里后从来没有抽时间逛过书店，还没有买过一本书呢。只要一本书在手，就不怕电视节目不好看、没有时间观光和没有当地朋友了。

未曾深爱难动容

有一天，我把心一横，离开医院没有直接回到酒店，而是到书店一游。满目虽然都是简体字版图书，但我一样被各类题材深深吸引，尤其是关于晚清历史的，捧了一大摞返回酒店，开始享受阅读的温柔。

平日不时应邀到中学演讲，主题是鼓励学生多阅读、多写作。有时候，我不免疑惑：对于阅读，恐怕大家听到太多老生常谈，耳朵听腻了，练成了"左耳入右耳出"的特异功能。相对写作来说，恐怕大家认为打游戏、吃美食、上网交友、唱卡拉OK更易上手，身心快感也更多。

卖花赞花香指出阅读的好处，就能诱导学生多读课外书吗？细说从头分享写作如何改变我的生命、成为我的事业重心，就能激励大家磨炼文笔吗？

如果你未曾领略阅读和写作的乐趣，我说到天花乱坠也不能感染你。好比你未曾深爱过，即使我一再跟你说爱情如何动人，你也不会动容的。

哪怕旁人笑我痴

也许，我只要告诉年轻人一件事：生命太短，尝试各种人生体验，才算不枉此生。如果有人不断说阅读和写作有多快乐，你何妨大胆一试。一试恋上了，终身幸福；毫无感觉的话，损失也有限。

我对阅读和写作上瘾至深，至死方休，无可救药。既已找到天长地久的爱情，何惧旁人笑我是痴人。

书是灵魂的救赎。人总有软弱的时刻，找不到朋友倾吐，做什么都没劲儿，请试着拿起一本书，深呼吸一下，一股脑儿

读下去，出路就在前面。

人生不设限

　　生命太短，尝试各种人生体验，才算不枉此生。如果有人不断说阅读和写作有多快乐，你何妨大胆一试。

第五十八课　虽千万人吾往矣

　　几年前笔者在香港电台担任嘉宾主持，每周访问一位嘉宾。初次见面，自然交换名片。

　　我不是电台职员，奉上的自然是写作者的名片。名片背后，印上数本拙作的书名和出版社。

　　这种例行动作一直相安无事，直到有一次，一位公众形象良好的前高官接过我的名片后，语带不屑地问我："为你出书的出版社是你自己开的吗？不是有句话叫'希望别人倾家荡产，叫他搞出版'吗？"

以金钱衡量存在价值

　　不客气地说他这叫做"狗眼看人低"，他的潜台词是："在香港当作家会饿死的，看你支撑多久！"很多人都不自量力想当大腕儿，以谬论来证明其见识广博。

　　当他见到我白白胖胖，又奇怪一个写作人何以没有患上肺痨吐血或饿死街头，非要追根问底一番。

为避免争论不休，我通常微微一笑，附和了事："是啊，我很穷的。"

出道以来，我被无数亲友、老同学、新朋友问过："写一本书收多少版税？一篇专栏稿费多少？"

人在香港，旁人以金钱来衡量你的存在价值是见惯不怪的现象，尤其当你做的是创作工作。

写作人EQ要够高

对于上述人性现象，我不会闹心——除非对方是我认定的朋友。最近一位仁兄嘲讽我道："反正你不可能单靠稿费维生，你写专栏就是闹着玩吧，每天马马虎虎又一篇，真过瘾！"

这次我无法掩饰怒火与失望。如果你以为阿猪阿狗都有本事写专栏写小说，那是你的个人浅见。你可以不屑于出版业，但不能侮辱我的专业操守。今天，甚至连妓女也被尊称为"性工作者"，而受到一定的尊重，写作者却受到职业歧视。

身为过来人，只能寄语有志走写作路的年轻人自重自强，EQ要够高，脸皮要够厚。

人生不设限

一般人总爱以收入来衡量他人的价值。被人"问价"后，不必脸红耳赤地驳斥，只需要自我肯定，继续努力往目标进发，虽千万人吾往矣。

第五十九课 目标明确，
何妨我走我路

　　收到一位同学的电子邮件，信中列出了一些关于写作的问题。她不敢在课堂上举手提问，生怕别人讥笑她的问题太白痴。下课后，又看见有几位同学围着我发问，她只好先行离去。

　　我回复她，请她提醒我在课堂上解答她的问题，一来让其他同学也受益；二来很多问题要当面讲解和交流，不适合像网上技术支持那样提供一式一例的标准答案。

老师喜欢学生提问

　　当学生的可能不知道，没有老师不喜欢学生提问的。学生有反应，教学才有满足感。谁会喜欢对牛弹琴呢？学生踊跃提问，老师可以更好地备课，教学技巧才有进步，也能更符合同学的需要。

其实，这位同学的心情，我倒是感同身受。中学时我念名校，同学们都是尖子生，很少有人向老师提问。我很想提问，却怕众目睽睽，让同学们讥笑。但是不提问，满腹疑问闷在心里不舒服。如果下课后是间体时间，我会追出教室外，在走廊拉住老师请教。吃饭时间，匆匆吃过午饭后，我跑到教师办公室请老师出来回答我的问题。

念大学时，学生可以随便选择座位，我总是早点儿到教室，尽量坐第一排。教授就在眼前，我会更加专心，又可以随时举手。向老师请教时，我看不到坐在背后的同学，心理压力大减。

不提问是因为不够认真

后来，我明白了，同学们不会举手提问，不是因为他们全都懂了，而是他们不够认真，不仔细思考自然没有问题。即使有，又偏见地以为向老师发问很老套。购买电子产品，我一样向营业员表明我是不懂才要问，多逛几间商店，多问几句，才能找出最适合的型号。

在诊所排队时，我会先把问题写下来，免得排到我见医生时有遗漏。

　　做人无法免俗，但对于重要的事情，我从不怕特立独行，有事就提问。**只要目标明确，何妨我走我路。**

人生不设限

　　在教室要坐第一排，教授就在眼前，自己会更加专心，又可以随时举手提问。

第六十课　让你自动亢奋的工作

这阵子，购物欲借买书得到了满足，回到家里连着看，3天看完一本，心灵的充实感是其他娱乐方式不能媲美的。

7月书展迫近，忙于为两本新书《可恶的爱情》和《逆境里的快乐智慧》做内文校对，不厌其烦地一校、二校和三校，同时费尽心思撰写封面和封底文案。这些编务是刻板的硬功夫，花精神花时间，需要付出耐性。幸好是自己喜欢的工作，才有火一般的热情去支撑。

影响半生的嗜好

生活被书重重包围了，突然有一种回归本色的感觉——写作者的天职正是阅读和写作，观察人性，思考人生。如果不是爱书爱得那么疯狂，我不会走进出版业，不会以写作为职业，写到今日今时。

笔者曾经做过不少旁人艳羡的岗位如广告撰稿员、电台嘉宾主持、广告配音员，但全不长久，唯有写作至今未曾间断。

这不是缱绻一生的爱是什么？

　　刹那间，觉得自己好幸福：阅读不过是自小培养的嗜好，竟在不知不觉间改写我的半生。若非父亲每周带我逛书店，小小的我怎会知道，人生将从这里开始？这不是奇妙得让人感动加感恩吗？

幸福求诸自己

　　幸福无关虚荣、金钱或成就，而是一种近乎灵欲合一、解释不来的亢奋。这种纯粹和浓度，唯有恋爱方可匹敌。

　　幸福不是来自别人给予，而是求诸自己。它不限于家庭和睦或爱情遂心，而是发自内心的知足和感恩。

　　因为爱，所以幸福。如果你找到一份工作，让你"自动亢奋"（natural high）的，你幸运又幸福。如果你尚未找到幸福，请留意一下，做什么事情最快乐？身处什么环境最自在？

　　知道自己需要什么，才能出发。没有目标的寻寻觅觅好比拍散拖※，不过是原地绕圈子而已。

※拍散拖：指没有正式确定男女恋爱关系的人在一起，谈不固定对象的恋爱。

人生不设限

　　如果你找到一份工作，让你"自动亢奋"（natural high）的，你幸运又幸福。如果你尚未找到幸福，请留意一下，做什么事情最快乐？

第六十一课　写作可以当饭吃吗

无数亲友或陌生人一知道我要从事写作，最想知道的是："写书可以赚多少钱？"

假设一本书卖70港元，卖一本作者分到7元，一版2 000本卖光也要9个月后才能收到14 000元支票。除非一本书卖10版或者以量取胜，一个月写完一本，一年平均月入一万元。中肯地说，香港市场小，以写作扬名立万是浪费感情。想出位不如做靓模或者参选港男。

各有前因莫羡人

当然，这并不是说，所有作家都是穷鬼。香港同样有一线作家如张小娴、蔡澜和亦舒等，收取顶级的稿费和版税，让他们得以专事写作，无须上班谋取生活费。

我只是强调，**各有前因莫羡人**。各行各业功成名就者，既是个人努力，也是机缘所致。年轻人不宜抱功利心态去写作，唯有真心爱写才能写好。订立远大的目标无妨，同时一定要明白，心想不一定事成，只要尽了力就能得失随缘。

把写作当成业余兴趣，就不必为讨生活费而沦为写稿机器、为缺乏别人认同而自以为怀才不遇。

至于上班族如何挤出时间写作，那就要看你爱得有多深。爱到发烧，下班后自然会归心似箭，投奔爱人的怀抱。

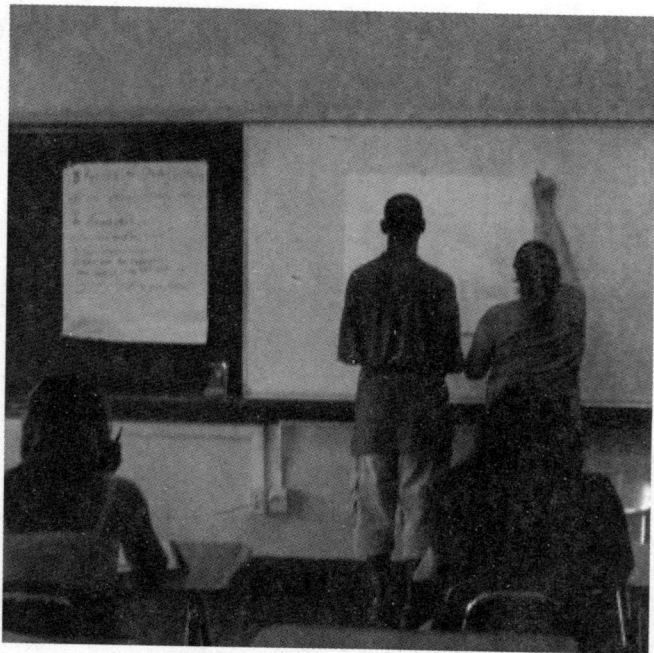

谋事在人成事在天

小朋友又问："你是全职作家吗？"

我不是除了写作什么都不理的"全职"作家。我是自雇人士，写作以外，还要投资理财、做运动、做家务、进修、阅读和照料家人。

人各有志，每个写作者的工作方式和价值观不同，不应以偏概全。有人日写万字，有人慢工出细活儿。有人要供养妻儿，有人让丈夫或妻子养。

成功须苦干，但谋事在人成事在天——真心爱写作才有望写得好，写得好才有资格等待收获。

写得多不等于写得好，我知道天外有天，人外有人。我永远不敢自满，只会永远抱着学习之心，务求把个人潜能全部释放，做个最好的自己。

人生不设限

订立远大的目标无妨，同时一定要明白，心想不一定事成，只要尽了力就能得失随缘。

第六十二课　如何成为专栏作家

一位新晋漫画家不死兔，在我其中一家合作的出版社推出了第一本绘本，我翻了几页，觉得不错，自掏腰包买了一本支持。

不死兔问我："怎么样才能在报纸上拥有自己的专栏？"

毛遂自荐免费供稿

对于这个常见问题，我未必是最有资格提供答案的人。思考几天，我在杂志上读到人气漫画家梁进的一篇访问，他的路也许可以作个参考。

出书达 5 年的梁进，2001 年从美国大学毕业回到香港发展。他向无数出版社推销自己的漫画作品，只有一家回复，但要求他修改所有公仔造型。两个月后，出版社出尔反尔，没有下文。

白天他是上班族，晚上继续作画，2004 年自费出书，终于算是圆了心愿。第二年，他签了一家小型出版社，销量成绩有进步，可惜出版社关门歇业。

接着，他开始向报纸毛遂自荐，一家报纸让他免费供稿，接下来，第二家和第三家都找上门，更有大型出版社给他出书。

今天你见到梁进的专栏和著作，会以为他的艺术之路算是非常顺遂。事实上，从默默无闻的新人到今天的人气漫画家，这条路他前后走了8年。

屡败屡试的决心

靠人不如靠自己，毛遂自荐是所有社会新人争取机会的唯一办法，这跟大学毕业生写求职信争取面试机会没有两样，如何写好求职信、面试时如何表现得体，需要用心研究。

不死兔已经拥有一本著作，履历比起其他人已是亮丽。要补充的是，他要做好心理准备，毛遂自荐的命中率通常不高，除了屡败屡试的决心，也要有点耐性，先耕耘才会有等待收获的资格。

这年头，漫画和视频较文字容易突围。问题是，你非常确定，自己的创作真有独到之处吗？

人生不设限

靠人不如靠自己，毛遂自荐是所有社会新人争取机会的唯一办法，这跟大学毕业生写求职信争取面试机会没有两样。

201

第六十三课　自立门户前必经打工阶段

有一阵子，我身处家中，难以集中精神投入写作中去，因为满眼是家中的问题和繁琐事。

最严重一次是墙壁漏水，一见到就心烦，还要不停地打电话与物业管理处交涉、留在家中等维修师傅上门检查。

权宜之计，是带着计算机到咖啡厅工作。

我习惯慢三拍。平时我不会购买时尚类杂志，既然咖啡厅免费提供，我总忍不住翻翻，美其名曰吸收新事物。开了计算机，检查电子邮件是少不了的。总之，搞了一大堆铺垫工作，才能够专心进入写作状态。

中环的氛围

有一天，我在中环看病后，在附近的咖啡厅开始工作。我习惯悄悄打量四周的人，留意他们的举动，好奇他们在说什么。

我发现，这一边的顾客以办公室男女职员占多数。他们多是穿上西装、T恤衫或套装，不管是间休或谈公事，个个都精神抖擞，额角峥嵘，一脸自信。

这群中环人，给整间咖啡厅带来积极的氛围。对我来说，这是一种新鲜感，也是一种激励。在他们的无形感染下，我的生理时钟开始走快了一些，迅速投入工作。

可见，**无论多么享受孤独的人，适度的群体生活始终是有益的**。这大概与小孩子上学接受教育的本意之一。踏入社会以后，虽说办公室这件事损耗青春，但上班这件事仍有其价值。

自由职业有条件

很多人讨厌上班，但不是人人适合从事自由职业的。如果你不能早睡早起、不用记事本、不擅长平衡收支、不习惯跟别人讨价还价加收款、害怕寂寞，那么还是做个上班族吧。

毕加索的抽象画是以传统绘画技巧为基础。同样，自立门户之前，也该做个打工者吸收相关技能。一毕业就当经理只是虚构的电视剧情，观众切勿模仿。

人生不设限

　　讨厌上班不等于适合当自由职业者。不能早睡早起、不用记事本、不擅长平衡收支、不习惯跟别人讨价还价加收款、害怕寂寞，还是适合做个上班族。

第六十四课　你是否拥有这颗真心

笔者以作家身份接受网络电台Our Radio《读书生活》节目访问，主持人最后一个问题是："对于有志写作的年轻人，你有什么忠告？"

让大家多读多写，求进步？好些人只想知道，如何找关系出书，黄袍加身成为才子才女呢。

推荐几本实用的写作参考书？好些人相信自己乃惊世之才，没有兴致啃这些专业书呢。

分享几本心爱的小说作品或文学名著？好些人想写书却从不看书的，不屑参考别人的阅读口味呢。

扪心自问

最后，我说："最重要的是要扪心自问，是否真心爱写作，爱到非写不可的程度。"

如果你真心爱写作，自会有一颗谦卑的心。不用别人提醒，也会勤于读书，务求突破自己。

如果你真心爱写作，自然会先写为快，乐在其中，不计较掌声和利益。乐趣足以推动你排除万难写下去，功力自会在不知不觉中累积。

凡艺术之路都是艰辛、孤独和金钱回报率低的，音乐、文学、舞蹈、话剧、电视和电影也不例外，唯有真心爱它，才有耐力、勇气把各种障碍逐一击破，坚持下去。

骗不了自己

如何才能知道自己是否真心爱写作？你可以反问自己一下，如果不让你写，你是否会心痒痒的？你是否爱逛书店，没空看也忍不住买？

你是否从来不屑于买书，却会一掷千金买名牌？如果跟写作无缘，当读者也是一种幸福。

无敌是爱，真爱可以战胜一切，问题是：你是否拥有这颗真心？

真心与否，天知地知自己知，骗了别人，骗不了自己。只要真心爱过，你就算活过、哭过了，不必以功名论英雄。

人生不设限

凡艺术之路都是艰辛、孤独和金钱回报率低的，唯有真心爱它，才有耐力坚持下去。只要真心爱过，你就算活过、哭过了，不必以功名论英雄。

第六十五课 创业者想的
跟你不一样

一位做生意的朋友问我："可曾想过不倚靠出版社，自行出版著作？"

我摇头。编辑和制作是一件繁琐的事，我没有精力兼顾。搞出版要计算印刷成本，管理制作事宜，留神收支平衡。难搞的是发行渠道，我既没有前辈作家梁凤仪的生意头脑，又不擅长搞关系啊……

他又对我说："不如你全心全意写一本佳作，找人翻译成英文，在海外一纸风行后再回流香港。"

思维大不同

不是你想象中那么容易呀。中文书稿可以自己写，找人翻译也可以付费解决。投稿到国外出版社，可以从英文书版权页抄下地址。只是人家外国出版社一样稿件堆积如山，区区如我怎么可能物离乡贵？

虽然暂时未有定论，我倒是学到一堂课：创业者跟打工者的思维真的是两回事。后者之所以没有成为前者，乃因缺乏某些素质。

创业者自信。 即使对事情没有十足把握，也相信有能力把困难逐个击破。每个困难在他眼中都是挑战，他接受出现困难是常情。

创业者边做边学。 他接纳自己对很多行业一无所知，但乐意从实践中学习，同时配合贤才协助，克服各种障碍。

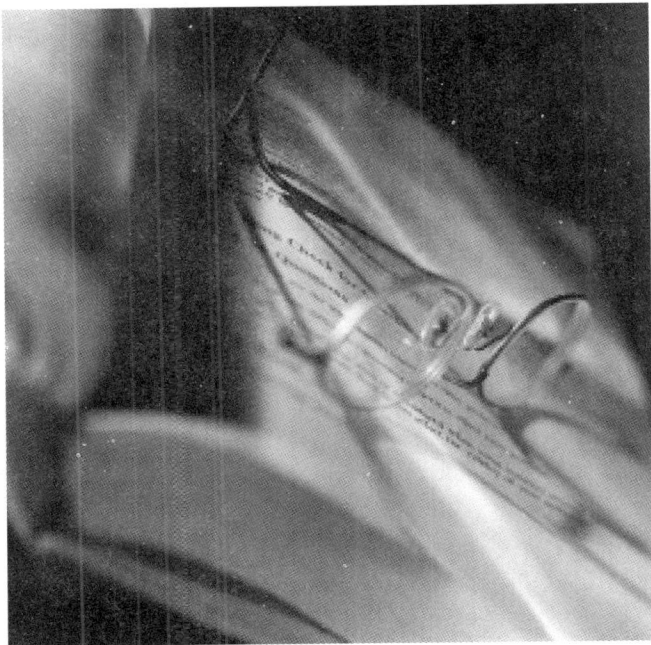

补上打工盲点

创业者怀有希望。无论前景是明是暗、旁人是支持还是嘲讽，一旦作了决定，他就勇往直前，以行动去印证宏图大计是否可行。他不愿未战而退，而是勇于拼死苦战，把不可能变为可能。

创业者敢于接受失败。他明白做生意是一件高风险高回报的事，所以他既期待成功，也愿意从失败中反省。失败可以让他看清楚自己的弱点，却没有置自己于永不超生之地的可能。

不是每个人都适合创业，但创业者的思考方法，足以弥补上打工者的盲点。

人生不设限

创业者怀有希望，不愿未战而退，而是勇于拼死苦战，把不可能变为可能。

第六十六课　梦想之路以年为单位

收到一位老同事的电子邮件，为她朝理想再进一步而感到高兴。

想了解她如何追寻梦想的，且看其自我简介："原本做人事部主管的我，已学习绘画数年，理想是成为出色的儿童绘画老师。现正修学香港中大校外课程的第14期素描及绘画文凭课程，有近一年教小朋友绘画的经验，已完成香港公开大学的儿童心理学证书课程。最近全职进修绘画，在空余时间可上门辅导小朋友绘画或做小手工。"

梦想必须付出血汗

原文照录，笔者非为卖花赞花香，而是想用一个真实例子证明：梦想之路以年为单位，没有三五年的付出和浸淫，不会略有小成。

世上没有不用付出血汗的梦想。对她来说，那是应付繁重的工作，同时利用业余时间进修，其间必须克服疲惫、懒惰和吃喝玩乐等障碍。最初，见她在博客上发表绘画作品。然后，听她说利用周末到画室当助教。终于，听到她辞职了，全速向梦想进发。

　　不知不觉，她成为全职绘画老师已经超过一年，算是站住脚跟了。坦白地说，她不是天才，不会成为再世毕加索，但她的确是比一般人有美术天赋，足以让她把兴趣变为职业。

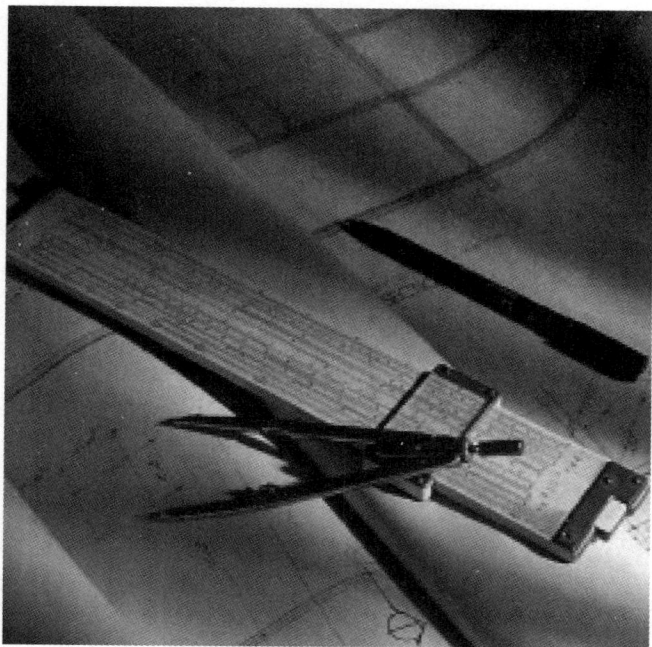

做梦多实现少

世上做梦者多，梦想实现者少，两者最大差别未必是天分或际遇，而是坚持。开始的时候，你的条件或有不足，如果能坚持不懈，形势会因为你的进步而扭转。

笔者的亲身体会是，追梦要趁年轻力壮时。大学毕业后，我曾经白天一份工作，晚上业余时间写作投稿，即使睡眠不足，还可以蜡烛两头烧。谁知35岁以后，精力不继，记性也差了，只能专注写作一途。如今我必须善用白天写作，一到傍晚便无以为继。

其实，那些永远跟梦想擦身而过或者自以为怀才不遇者，正是凡事三分钟热度的人。

人生不设限

世上做梦者多，梦想实现者少，两者最大差别未必是天分或际遇，而是坚持。开始的时候，你的条件或有不足，如果能坚持不懈，形势会因为你的进步而扭转。

第六十七课　蜜月之后才是真爱考验

一个朋友跟我说："我很容易想到点子，也有能力写作，但是我宁愿到外边玩，也没有心思坐下来慢慢写。"

我笑着说："当兴趣变成工作，每天都要交稿，一年到头不休息，压力真不小啊。"

写作，要逐个字写，稍微溜号都不成。一本小说7万字，3小时就看完了，构思和落笔可能需要几个月。单靠一支笔和一张纸，就要凭空想象，一人扮演多个角色，岂是易事。

当兴趣变成工作

从事广告创作，即使再好的点子也要受到同事、上级和客户的批评，一份文案改一百次。构思再好再有趣，仍然要受制于促销的框框，满足感并非想象中那么大。而且作品出街后是你的"私生子"，你只能自恋，不能贪求公众赞赏。

在电台当主持人，半小时谈笑风生的节目，听众看不见节目背后那么刻板的功夫：必须长期作数据搜集以制订主题；联系嘉宾要写邀请信，打无数个电话；录音棚档期有限，大伙儿要争。

　　当老板的，要想发财先得吃苦，难题天天有，四面八方都要照顾到而头痛欲裂。当老板的羡慕打工者压力较少，打工者却埋怨老板吝啬、上级专横、同事奸诈、人工少、工时长、客户蛮横无理……

忽视自己的幸福

世上任何一份工作，表面风光的背后，总有不为人知的辛劳。唯有明白这一点，才不会只顾艳羡别人，而忽视自己的幸福。

是否吃得消每份工作的吃力之处，视乎你是否真正喜欢做这件事。年轻时，你会左试右试，每个学习机会都不放过。过了蜜月期后，就是真爱的考验。过尽千帆，仍然做下去的，应该就是真爱。

正如很多夫妇常常抱怨对方的不是，可是又会继续相处下去——**真爱看似遥不可及，其实近在眼前，何用他求。**

人生不设限

世上任何一份工作，表面风光的背后，总有不为人知的辛劳。是否吃得消每份工作的吃力之处，视乎你是否真正喜欢做这件事。